高效记忆的秘密

胡庆文 著

中国纺织出版社

内 容 提 要

还记得江苏卫视《最强大脑》第二季中的舞林神探胡庆文吗？648名大妈，8大方阵，8支舞曲，8种不同舞步，当广场舞瞬间被打乱后，胡庆文需要快速辨别648名舞者的动作，并且将跳着同一舞步的人归位到同类方阵中。面对如此高难度的挑战，必须拥有过人的记忆力。本书讲述了胡庆文高效记忆的秘密，还系统介绍了串联法、定位法、数字编码法等好用的记忆方法，并辅以大量的实例和各学科知识帮助你灵活运用记忆法，让你拥有终身受益的超强记忆力，领先别人吸收更多知识和能力。

图书在版编目（CIP）数据

高效记忆的秘密／胡庆文著．--北京：中国纺织出版社，2019. 3

ISBN 978-7-5180-5913-3

Ⅰ.①高… Ⅱ.①胡… Ⅲ.①记忆术 Ⅳ.①B842.3

中国版本图书馆CIP数据核字（2019）第013399号

策划编辑：郝珊珊　　　　责任印制：储志伟

中国纺织出版社出版发行

地址：北京市朝阳区百子湾东里A407号楼　邮政编码：100124

销售电话：010－67004422　传真：010－87155801

http：//www.c-textilep.com

E-mail：faxing@c-textilep.com

中国纺织出版社天猫旗舰店

官方微博http://weibo.com/2119887771

三河市延风印装有限公司印刷　各地新华书店经销

2019年3月第1版第1次印刷

开本：710×1000　1/16　印张：13.5

字数：261千字　定价：48.00元

前　言

如今，越来越多的电视综艺节目中出现了很多神奇记忆法的表演，这让曾经很神秘甚至过目不忘的记忆术渐渐地走进了人们的视野。越来越多的人抱着崇拜的心理开始学习记忆法，认为只要掌握了记忆法，不论什么科目，肯定会轻松过关。其实这是一种误解，记忆法并不是万能的，也没有我们想象的那么神奇。

一门专业知识的掌握过程并不是简单地记住书本上的一切就够了，如果只是记忆就行了，那有个好记性确实占优势，但绝大多数的专业知识，纯粹靠记忆的知识点可能不超过30%，即便是大家公认的司法考试、公务员考试、会计师考试这些需要大量记忆的文科类考试，其实更多的也是考查我们对知识的理解和运用，考查的是思维逻辑，由此看来，记忆并不是起决定性作用的。

当然，对于那部分需要记忆力去解决的知识，好记性仍然是非常重要的。在学习中，好记性会给我们减轻很多负担。记忆效率高，可以帮我们在学习过程中节省很多时间，提升学习效率。科学研究的结果表明，人的生理记忆力几乎是天生的，大脑固有的这种记忆力很难改变。但是，我们可以运用一些技巧来帮助记忆，这些技巧就是我们现在所熟知的记忆法。

本书结合人的记忆特点，讲述了很多平时学习生活中实用的记忆方法。第1章和第2章讲述了人脑的记忆特性、记忆的核心原理以及人类的记忆思维习惯，然后针对人的记忆习惯介绍了几种常用的记忆方法。第3章至第7章讲述了记忆法在语文、政治、历史、英语等各学科中的运用，并针对每种不同的知识点详细地举了例子，讲解生动、深入浅出。第8章主要是对记忆法的延伸，是对竞技表演记忆力项目的解密。

整本书针对我们生活和学习中所遇到的需要记忆的信息进行了划分，并且都列举了案例进行讲解，由于篇幅所限，有些内容尚未涉及，此书仅为抛砖引玉，希望能够给读者带来思维上的启发。

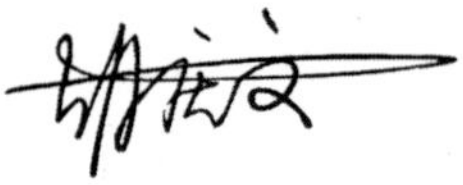

目 录

第1章

一切知识，只不过是记忆

第1节　记忆是对过去经验的反映

“一切知识只不过是记忆。”——培根

记忆是人类生存发展的需要，是人类智能的因素、学习的基础，也是完成各项工作的基本保障。在学习改变命运、知识成就未来的今天，拥有良好的记忆就显得更为重要。那么，什么是记忆?

记忆在不同的学科领域有着不一样的定义，事实上，记忆可分为广义记忆和狭义记忆。广义记忆泛指大自然的记忆和生命体力活动的记忆，狭义记忆单指大脑的记忆。下面我们就具体谈一下狭义记忆。

记忆是过去经验在头脑中的反映。这些经验都可以映像的形式存储在大脑中，在一定条件下，这种映像又可以从大脑中提取出来，这个过程就是记忆。记忆不像感知觉那样反映当前作用于感觉器官的事物，而是对过去经验的反映。

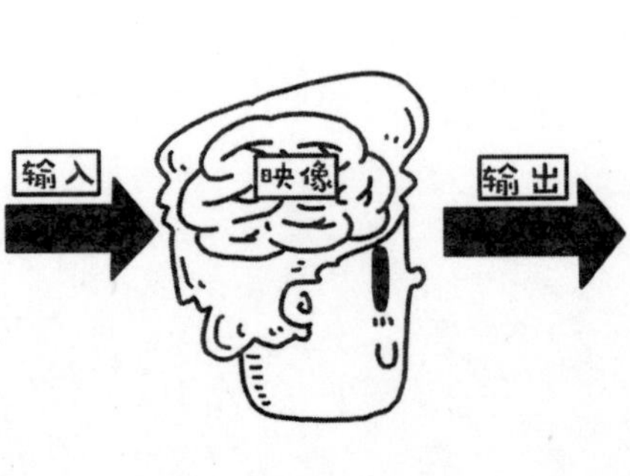

第2节 记忆包括识记、保持、再现（再认）三个环节

记和忆是两个过程。原块（自然界的事物）刺激感觉神经后，在神经末梢形成感块，通过生物电流到达大脑内储存，形成记块，这一过程我们称之为记。忆则是将记块提取出来的过程。

记块不是全部可以被唤醒成为忆块，记块能否形成忆块，与时间、感块、原块的刺激程度、思维过程、深度感觉、随机性和生物钟有关。记块和忆块之间有时还存在微妙的差别，也就是它们可能失真。

心理学家将记忆的过程分为识记、保持、再现（再认）三个基本环节。

（1）识记：记忆的第一个环节，是记忆者识别、记住事物的过程。

（2）保持：第二个环节，是识记过的事物在头脑中储存和巩固的过程。

（3）再现：第三个环节，是指识记过的事物能回想起来。

再认：是指识记过的事物再次出现时能够认出来。

在这三个环节中，识记是保持和再现（再认）的前提，而再现（再认）又是识记与保持的结果。

我们称“识记、保持、再现”为回想记忆；“识记、保持、再认”为认知记忆。

认知记忆是一种“不看不知道，一看就知道”的记忆，本来是我们已经识记过的事物，可就是想不起来，不过再次遇见时却能认出来。比如，你昨天学习了good（好）、food（事物）、mood（心情）和wood（木头）四个英语单词，今天只能再现good、food和mood三个单词的中文意

思，而不能再现wood的中文意思时，却能选中“木头”，这就是一种再认记忆。

我们所做的选择题，考查的其实就是对知识的再认能力。通过复习，知识的再认就能达到知识的再现。

第3节　记忆的类型

一、按记忆内容分类

记忆按其内容可以分为五类。

（1）形象记忆：对感知过的事物形象的记忆。

（2）情景记忆：对亲身经历过的，有时间、地点、人物和情节的事件的记忆。

（3）情绪记忆：对自己体验过的情绪和情感的记忆。

（4）语义记忆：又叫语义—逻辑记忆，是用词语概括的各种有组织的知识的记忆。

（5）动作记忆：对身体的运动状态和动作功能的记忆。

二、按记忆保持时间分类

记忆按信息存储的保持时间可以分为三类。

（一）瞬时记忆

瞬时记忆又称感觉记忆或感觉登记，是指外界刺激以极短的时间一次呈现后，信息在感觉通道内迅速被登记并保留一瞬间的记忆。由于瞬时记忆的信息在感觉通道内已登记，所以，瞬时记忆具有鲜明的形象性。

相对短时记忆而言，瞬时记忆保持的信息量较大，但它们都处于相对未加工的原始状态。然而瞬时记忆被保留的时间很短，只有加以注意，信息才能转入短时记忆，否则，没有被注意到的信息过2秒钟便会消失。

一般认为，图像记忆的保持时间为0.25～1秒，容量为9～20个bit（项目）；声像记忆的保持时间大约2秒，容量为5个bit。

（二）短时记忆

短时记忆是指外界刺激以极短的时间一次呈现后，保持时间在1分钟以内的记忆。短时记忆的容量有限，一般人的短时记忆广度平均值为7±2个。

如果超过短时记忆的容量或插入其他的活动，短时记忆容易发生遗忘。如果呈现的材料是有意义、有联系或是熟悉的，记忆广度则可以增加。例如，将单个的汉字（人、学、机）变成双字的词（人民、学习、机器）来记，记忆的容量可扩大一倍。语言文字的材料在短时记忆中多为视听编码，即容易记住的是语言文字的声音，而不是它们的形象；非语言文字的材料主要是形象记忆，而且视觉记忆的形象占有更重要的地位。此外，也有少量的语义记忆。

短时记忆的信息经过复述，不管是机械复述，还是运用记忆术所做的精细复述，都可以转入长时记忆。

（三）长时记忆

长时记忆是指永久性的信息存储，一般能保持多年甚至终生。它的容量似乎是无限的，它的信息以有组织的状态被贮存起来。长时记忆的信息主要是对短时记忆内容加以复述而来，也有由于印象深刻一次形成的。

自19世纪末期艾宾浩斯开始记忆实验以来，大量心理学家对记忆的研究都是有关长时记忆的，研究的课题主要集中在长时记忆中信息的组织和遗忘的规律，这个内容在后面会讲到。

可以通过下表对这三种记忆进行比较。

<table>
<tr><th colspan="2">记忆类型</th><th>保存时间</th><th>储存容量</th><th>遗忘原因</th><th>形成条件</th></tr>
<tr><td rowspan="2">瞬时记忆</td><td>图像</td><td>0.25～1秒</td><td rowspan="2">数以千计</td><td rowspan="2">痕迹消失</td><td rowspan="2">外界刺激器官瞬间</td></tr>
<tr><td>声像</td><td>约2秒</td></tr>
<tr><td colspan="2">短时记忆</td><td>1分钟</td><td>7±2个项目</td><td>信息干扰</td><td>瞬间记忆受到注意</td></tr>
<tr><td colspan="2">长时记忆</td><td>永久</td><td>无限</td><td>缺乏回忆线索</td><td>短时记忆得到复述或有效刺激</td></tr>
</table>

了解记忆的类型，可以帮助我们更好地了解自己的记忆情况，根据记忆的特点调整学习方式，从而提高学习效率。

第4节　会工作的人会选择记忆

从现代信息加工学的角度来讲，记忆又是对信息的选择、编码、存储和提取的过程。

当回忆一部看过的电影时，能回忆起的为什么只是部分情节，而不是完整的情节？能回忆起来的这些情节往往是比较动人，能给我们留下深刻印象的。其实我们的记忆是有选择性的，这一特性有利于减轻大脑的负担。

举世闻名的大侦探福尔摩斯曾说过这样一段话：“我认为人的脑子本来就像一座空空的阁楼，应该有选择地把一些家具装进去。只有傻瓜才会把他碰到的各种各样的破烂儿一股脑儿装进去。这样一来，那些对他有用的反而被挤出来；或者，最多不过是和许多其他东西掺杂在一起，因此，在取用的时候也就感到困难了。所以，一个会工作的人，在他选择要把一些东西装进他的那间小阁楼似的头脑中去的时候，他确实是非常仔细而小心的。”

福尔摩斯提出了选择学习和选择记忆的观点，确实值得我们深思。在信息、知识爆炸的21世纪，我们更应该懂得有选择性和系统地学习，记忆也是如此。如果不加选择地把所有信息都装进自己的大脑，那么人脑跟一个垃圾桶有什么区别呢？

所以，我们在记忆时要选择那些对自己的学习起关键作用的、有重要意义的信息。

第5节　记忆的效果评价

一般根据什么来判断人的记忆品质呢？综合起来，一个人的记忆力水平，可以从记忆的敏捷性、持久性、正确性和备用性四个方面来衡量和评价。

（一）敏捷性

记忆的敏捷性是指个人在一定时间内能够记住的事物的数量，它体现了记忆速度的快慢。事实上，人们记忆的速度存在明显的差异。例如，同样的信息，有的人重复5次就记住了，而有的人却需要重复26次才能记住。

记忆是否敏捷取决于大脑皮层中条件反射形成的速度。条件反射形成得快，记忆就敏捷；条件反射形成得慢，记忆就迟钝。要增强记忆力，首先就是提高记忆的敏捷性。

要想达到这个目的，一是平时要加强锻炼，通过锻炼使自己的记忆敏捷起来；二是在记忆时要集中注意力；三是要充分利用原有的知识，也就是说在旧有的条件反射基础上去建立新的条件反射，这样记忆力就会逐渐敏捷起来。

（二）持久性

记忆的持久性，顾名思义，就是指记忆的事物能在头脑中保持长久的时间。仅有敏捷性还不能称之为良好的记忆。记得快也忘得快，那就没有什么实际意义了。所以，良好的记忆必须具备的第二个标准就是持久性，它是记忆巩固程度的体现。

人人都希望自己的记忆持久，但是仅仅持久仍然是不够的，如果不善于灵活运用也是枉然。既有持久性又能灵活运用，才能牢固地掌握所学到的知识。

记忆不持久，一般是功夫不深，与对大脑的有效刺激不够或复习记忆密度不够有关。要经常地在适当的时机进行复习，使条件反射不断强化而得到巩固，这样才可以使记忆获得持久性。

（三）正确性

记忆的正确性是指对原来记忆内容的性质的保持。一个人的记忆，如果既有敏捷性，又具有持久性，记得又快又牢固，却记错了，显然这样的记忆也毫无用处。

如果记忆总是不正确，那它只能对我们的学习知识和累积经验起反作用。就像开汽车时弄反了方向，开得越快，距离目的地越远。所以，正确性是保持人们获得正确知识的重要的记忆品质，也是良好记忆的重要标准。

（四）备用性

记忆的备用性是指能根据自己的需要，从记忆中迅速而准确地提取所需要的信息的性能。记忆的备用性是决定记忆效能的主要因素，是判断记忆品质的最重要的标准。

记忆的备用性也是记忆的敏捷性、持久性、正确性、系统性和广阔性的体现。人们进行活动的目的是储备知识，并使之备而有用、备而能用。记忆如果没有备用性，就失去了存在的价值。

记忆的四种品质是有机联系、缺一不可的。为了使自己具有良好的记忆能力，就必须建立丰富、系统、精确而巩固的条件反射，具备所有优秀的记忆品质。忽视记忆品质中的任何一个方面都是片面的。所以，检验一个人记忆力的好坏，不能单看某一方面的品质，必须用四个方面的品质去全面地衡量。

第2章

高效记忆的秘密

第1节　有效果比有道理更加重要

在学习过程中，不管是你的方法还是我的方法，只要能节省时间、节省精力并能达到预期记忆效果的方法就是好方法。

所以，在使用记忆术的时候，我们要不断把焦点放在效果上。道理有时候虽然重要，但是在学习时，记忆一些内容不见效果的时候，要好好反省自己所用的方法。

现在很多人都没有使用记忆技巧，明明知道自己的方法没有效果，但还是日复一日地重复着自己的模式。所以，我们需要做的就是先在观念上变通，然后再在方法上变通，记忆的效果就会完全不一样！

第2节　灵活和以熟记新是两大原则

高效记忆术所有的技巧都建立在灵活和以熟记新这两个原则上。

灵活原则

All roads lead to Rome（条条大道通罗马）。对于同一种信息的记忆，一般有三种以上的记忆方法。有的人思维方式很单一，缺乏多角度思维的习惯。如果在记忆的时候，思想再开阔一点、再灵活一点，记忆的效果将会大大不同，更重要的是，还能够唤醒我们的创造性思维。

以熟记新原则

以熟记新原则包括联想和理解原则。世界各国顶尖记忆高手对记忆术的总结，最简单的一句话就是：如果你想记住什么，所做的就是把这样的事物与你熟悉的事物联系起来。

用已有的知识学习新的知识是人类记忆的一条基本准则，这也是知识要理解才能更好地记忆的原因。而理解知识就要使用你过去的知识和经验。在心理学上，我们说要懂得进行“学习的迁移”。

所以，把灵活与以熟记新这两点都抓好，思维会更加流畅，记忆的天地会更加开阔。

第3节　三个代表让记忆更高效

三个代表是实现高效记忆的前提条件，分别是关键词代表、密码代表和定位代表。

关键词代表主要是针对记忆书、文章或篇幅较多的内容，为了记忆效果，要善于找关键词，通过关键词把文章等快速记住。在找关键词时，我们分三步走，首先是寻找重点，其次是还原关键点，最后是对照关键点。这一点我们会在实战篇具体讲解。

密码代表讲的是，我们可以根据材料的性质，设置一系列的代码，从而提高记忆的效果。比如我们记忆“gloom【glu:m】 n. 郁闷，忧郁，阴暗”这个单词时，把“gloo”设密为（9100），“m”设密为（米），然后再进行记忆：让我跑9100米，我很郁闷。

当我们为了记忆的需要设置密码时，会使记忆变得轻松而有趣。关于如何设置密码和如何使用这种方法，在学习英语单词的记忆和数字记忆时会更深入地阐述。

定位代表主要是为了帮助我们快速识记、快速储存和快速提取信息而建立的储存信息的文档。它能使大脑对记忆的信息更有条理、更有序、更有组织地进行管理和提取。

第4节　高效记忆的四个步骤

记忆就像做一道菜或是造一艘木船，是有步骤的。人的记忆要想变得高效，也要分为四步走。

（1）通读简化

（2）选择方法

（3）奇像记忆

（4）科学复习

通读简化主要告诉我们，在记忆任何材料的时候，先快速地浏览一遍，从整体上把握记忆内容，在理解的基础上，对记忆的内容进行分析简化，抓住重点，然后记忆。对于一些根本无法理解的记忆材料，我们就利用联想技巧来解决。

一般来说，一本书有10%～20%的内容才是我们真正需要记忆的信息。而对于一些信息较短的材料，我们也应该简化为关键词来记忆。对记忆的内容进行分析简化后，最好是形成笔记，以利于复习。

选择方法主要要求我们对简化了的材料灵活运用好的方法快速地记忆，而不是一拿到材料就毫无技巧、无休止和机械重复地记。

奇像记忆也称奇幻联想记忆，是指为了达到良好记忆效果而人为地有意制造识记材料间的奇幻联想来进行记忆的方法。

奇像记忆的核心是奇幻的想象、创造、谐音和联想，它以联想和谐音作为信息储存的载体和工具，以联想和谐音作为信息提取的线索。它要求记忆者必须善于观察，抓住识记信息的某个特点，运用想象力、创造力制造联想和谐音。

在制造联想时，尽可使之夸张荒诞、违背逻辑、脱离现实、独特行动，从而给记忆者各种感官神经造成强烈冲击，以留下深刻的印象。

科学复习是为了与遗忘做斗争。遗忘是记忆的规律之一。学习过的知识如果不经常使用，很有可能被遗忘掉，要将知识精确、牢固地保持在记忆中，通过思考和理解可以获得新的认识和体会，达到“温故而知新”的效果。

第5节　及时复习能克服遗忘

科学复习包括科学的复习时间和科学的复习方法。复习在时间上的重要原则就是要做到及时。这里有必要对为什么要复习做详细的阐述。

1. 遗忘规律

由前面章节的内容我们知道：根据脑科学的原理，记忆的保持在时间上是不同的，有瞬时记忆（感觉记忆）、短时记忆和长时记忆三种。由于瞬时记忆时间太短，我们经常考虑短时记忆和长时记忆两种。而我们平时的记忆过程如下图所示。

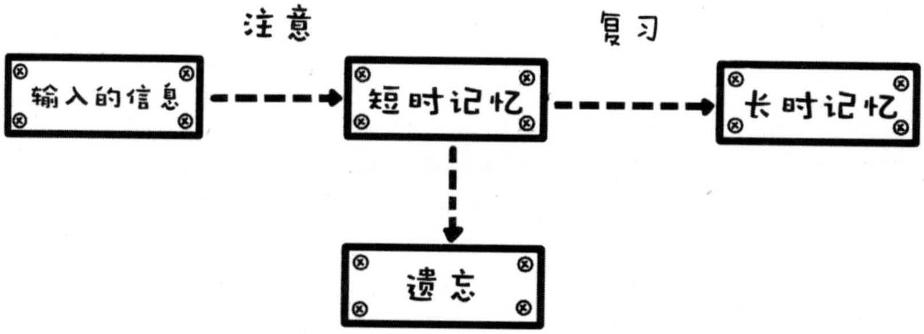

输入的信息在经过人的注意后，便成了人的短时记忆，但是经过及时地复习，这些短时记忆就会成为人的一种长时记忆，在大脑中保持很长的时间。但是如果不进行及时地复习，就会发生遗忘。

有人常说自己记忆力不够好，说自己记得快、忘得快。其实从根本上来说，是记忆习惯有问题。复习在时间上的一个重要原则就是“多次少时间”。怎么理解呢？就是当我们记忆了一段信息后，在短期内要频繁地复习，随着时间的推移，复习频次可以逐步减少。

例如，花1小时记了40个英语单词。通常绝大部分人的做法是记住了以后就放到一边，基本上不会再去碰它。两三天后如果再来检验，我们会发现绝大多数都不记得了。别说两三天，哪怕只是下午来检查，就会发现至少都忘掉了一半。然后又要重新记忆，按照30分钟来计算，记完了又放到一边，一个月后发现印象又不深刻了，又重新记忆。前后算下来，真正想记住这40个单词，至少得花掉4小时。

一直以来，经验告诉我们，人的大脑就是这样的，我们也早已习以为常，通常我们的解决办法是忘记了再重新拿出来记一遍，如此下来，耗时费力，事倍功半，效率低下。

其实，只要稍稍改变一下我们的记忆习惯，就会收到很大的成效。如何改变呢？还是刚才那个例子，比如，我们记忆了40个英语单词，如果我们可以在记完后20分钟以内花5分钟复习一次（有时候复习其实很简单，并不需要拿着书本去看，在脑袋里回忆一遍也是可以的），1小时后再花5分钟复习一次，晚上再复习一次，做到了这三次认真的复习，你会发现绝大多数的单词都记住了，遗忘的很少。

再回过头来想想，后者对比前者，我们多花了时间去记忆吗？并没有。我们只是把时间合理地分配，只是稍稍改变了一下记忆的习惯，但是就可以收到奇效，可谓事半功倍。

德国心理学家艾宾浩斯对遗忘进行了深入的研究，他在做遗忘实验的时候，以自己作为测试的对象，得出了一些关于记忆的结论。他选用了一些根本没有意义的音节，也就是那些不能拼出单词的众多字母的组合，比如asww、cfhhj、ijikmb、rfyjbc等。他经过对自己的测试，得到了一些数据，见下表。

时间间隔	遗忘率	保存率
刚刚记忆完毕	0	100%
20分钟之后	41.8%	58.2%
1小时之后	55.8%	44.2%
8～9小时之后	64.2%	35.8%
1天后	66.3%	33.7%
2天后	72.2%	27.8%
6天后	74.6%	25.4%
1个月后	78.9%	21.1%

然后，艾宾浩斯又根据这些点描绘出了一条曲线，这就是著名的揭示遗忘规律的曲线——艾宾浩斯遗忘曲线。图中纵轴表示学习中记住的知识数量，横轴表示时间（天数），曲线表示记忆量变化的规律。

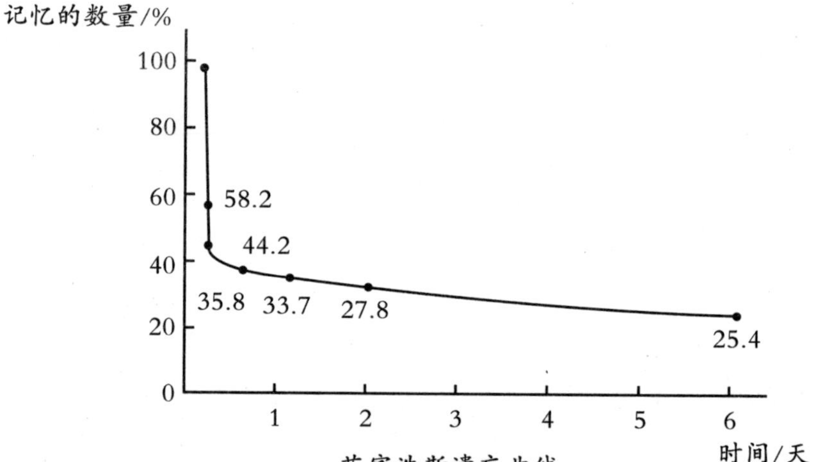

艾宾浩斯遗忘曲线

这条曲线告诉人们，在记忆的最初阶段遗忘的速度很快，而且遗忘得很多，后来就逐渐减慢了，到了相当长的时间后，几乎就不再遗忘了，这就是遗忘的规律，即“先快后慢”。

观察这条遗忘曲线，你会发现，学到的知识在一天后，如不抓紧复习，就剩下原来的30%。随着时间的推移，遗忘的速度减慢，遗忘的数量也就减少。最后剩下的那么一点点信息也就是我们在记忆这些信息的过程中潜意识觉得比较重要从而有选择性重点记忆的，或者是我们已经比较熟知的一些常识。

2. 不同性质的材料有不同的遗忘曲线

艾宾浩斯还在关于记忆的实验中发现，记住12个无意义的音节，平均需要重复十五六次；为了记住36个无意义音节，需要重复54次；而记忆六首诗的480个音节，平均只需要重复8次！这个实验告诉我们，凡是理解了的知识，就能记得迅速、全面而牢固。因此，比较容易记忆的是那些有意义的材料，而那些无意义的材料在记忆的时候比较费力气，在以后回忆起来的时候也很不轻松。因此，艾宾浩斯遗忘曲线是关于遗忘的一种曲线，为我们充分证实了一个道理，学习要勤于复习，而且记忆的理解效果越好，遗忘得也越慢。

我们在平时学习的过程中，通常要记忆一些没有逻辑的抽象信息，死记硬背是费力不讨好的。记忆法通过信息转化，能使学习的内容化枯燥为有趣，化艰辛为轻松，使大家在轻松愉悦的心态下快速掌握学习内容，彻底消除在学习中对“记”的恐惧感，从而能够真正体会到快乐学习的好处。

3. 及时复习

上面给大家介绍遗忘的规律，目的是让大家知道复习的重要性。更为重要的是，遗忘曲线规律对记忆与学习的指导作用是显而易见的。传统观念认为，复习的次数越多，记忆就会越牢固，其实并非如此。

复习在“精”而不在“多”，关键是在记忆结束后的10分钟到1小时以内及时进行抢救性的复习，否则，在遗忘已经大面积发生后再来补救，既浪费时间又收效甚微，学习效果当然大打折扣。

在现实的学习当中，很多学习者不能做到及时复习。即使复习了，由于没有掌握科学的复习时间和方法，也只能是事倍功半。根据遗忘的规律（先快后慢），科学安排复习时间是巩固和保持记忆效果的必要手段。

对于1小时的学习内容，按照下面最佳的复习间隔和每次的时间限制表去复习，会产生令人惊喜的效果。

第一次复习：10分钟后——复习10分钟

第二次复习：1天后——复习2～4分钟

第三次复习：1周——复习2分钟

第四次复习：1个月——复习2分钟

第五次复习：6个月——复习2分钟

第六次复习：1年后——复习2分钟

当然，上面列出的六次复习，是给大家一个总的复习时间安排。由于不同的人有不同的遗忘曲线，还是要坚持及时复习的原则，也就是说，当你对一个信息的记忆模糊不清时，最好赶快进行复习。

复习是巩固记忆最有效的手段，应该充分重视。复习时应当先密后疏，即学习后跟进的复习时间安排应间隔较短，以后逐次拉长复习的间隔时间，经过几次复习，可以使短时记忆向长时记忆转变。同时，记住学习内容后，最有效的抗遗忘的方法就是经常使用你学到的知识。

在记忆的四大步骤中，第一、二、三步是针对每个具体的信息记忆而提出的；第四步是为了巩固记忆成果而提出的。

记忆的四大步骤是环环相扣、缺一不可的。只有通过这四步，你才能记得乐、记得快、记得多、记得牢。

第6节　记忆达人的五种能力

要成为记忆达人，就得具有五种能力。

（1）注意力
（2）观察力
（3）想象力
（4）创造力
（5）转换力

注意力是一切记忆的心理基础。如果注意力不集中，很难记住要记的信息。记忆法能给记忆者带来记忆的乐趣，所以能有效地提高记忆者的注意力。

观察力的有效引入能使我们避免模式的机械化，灵活处理信息的概念使我们可以多角度地看问题，从而多角度地进行记忆。只有养成观察事物的习惯，灵活处理信息的能力才能真正派上用场，尤其在记忆英语单词时，如何观察一个单词对于记忆单词很重要。

想象力和创造力在这里是相互包容的关系。想象包含创造，但想象不一定是创造，创造一定有想象。这两个方面与记忆法的应用熟练程度关系密切。想象力与创造力是无处不在的，几乎每一刻我们都在应用这方面的能力，只是现在很多人都习惯按照一个固定的模式进行思考，缺少想象力和创造力。

对于想象力和创造力的应用，有一个好的规则，那就是：没有对错，只看有无效果。在记忆时，夸张和不合乎逻辑的想象都会收到意想不到的效果。

转换力是指通过谐音、加减字、倒字、替换、望文生义等技巧把那些抽象的、难以理解的信息转换成具体形象或是可以理解的信息的能力，即信息转换的能力。同时，谐音、加减字、倒字、替换、望文生义也是记忆法的信息转换法则。

熟练掌握这些法则，记忆就会变得有趣而轻松。

让我们通过后面的学习和训练来提升这五种能力，成为记忆达人！

第7节 记忆法的两大思维

逻辑思维（logical thinking）

逻辑思维是人们在认识过程中借助概念、判断、推理等思维形式能动地反映客观现实的理性认识过程，又称理论思维。它是基于对认识者的思维及其结构以及起作用的规律的分析而产生和发展起来的。

只有经过逻辑思维，人们才能达到对具体对象本质规定的把握，进而认识客观世界。它是人的认识的高级阶段，即理性认识阶段。

逻辑思维是思维的一种高级形式，是符合世间事物之间关系(合乎自然规律)的思维方式。我们常说的逻辑思维主要指遵循传统形式逻辑规则的思维方式，常称它为“抽象思维（abstract thinking）”或“闭上眼睛的思维”。

转换思维

在解决问题的过程中遇到障碍时，把问题由一种形式转换成另一种形式，使问题变得更简单、更清晰。转换思维可以说在记忆法中运用得非常多，文字的转换、意思的转换等都有。比如，记忆“西汉时期发明了纸”就可以运用转换思维，把“西汉”转换成“吸汗”。

第8节 高效记忆之串联法

联想是记忆的基础。将两个毫无关系的信息，以一个简单、直接、有趣的故事把它们联系起来，使之互相成为线索，回忆A物件时，便会自然地想起B物件；回忆B物件时，便会自然地想起A物件。在编故事时，我们必须留意以下几点。

图像：我们必须看到故事如何发生，这时右脑才会参与记忆，而所看到的图像清晰度因人而异，经过不断练习，图像清晰度便会自然提高。

动作：物件之间加上动作，可刺激我们的右脑，使记忆更牢固。

夸张：故事可以是非常夸张及无可能的，但这些元素都是刺激我们右脑记忆的重要秘诀。

五官感觉：我们可以在故事情节中加入声音、颜色、气味、味道及触觉，刺激我们的五官去记忆。

联想练习

练习1

蟹—报纸　跑步—名片　铅笔—猫　手枪—计算机　三明治—卷尺

鸡翅—复印机　胶布—帆船　蜗牛—打字　飞机—菊花　火锅—眼镜

练习2

红豆—教科书　账单—梳妆台　教堂—笔筒　白云—公主　诊所—蚂蚁

印章—报纸　温泉—补习班　孔雀—鸡蛋　和尚—喇叭　气管—户口

什么是串连法？就是在脑海里把材料编成一幅幅图像，然后把图像像锁链一样串在一起。串连法与故事法很类似，区别在于串连法强调的是图像，不一定要有故事情节，而故事法强调的是情节，不一定要有图像。

串连有三种方法。

前后串连：

牛屎—司令—单车—木棍

想象图像：牛屎上坐着一个司令，司令踩着单车，单车上放着一根木棍。

故事串连：

牛屎—司令—单车—木棍

想象图像：我把牛屎掷向一个司令脸上，于是他很愤怒，我踩着单车逃跑，他就拿着木棍追着我来打。

混合串连：

牛屎—司令—单车—木棍

想象图像：我把牛屎掷向司令的单车上，单车载着很多木棍。

上面三种类型的串连法其实区别并不大，甚至几乎雷同，但是又有一点点区别，区别就在于前后串连仅仅是单纯地把前面的信息和后面的信息联结到一起，故事串连也是前后联结，但是中间加入一点故事情节。混合串连同样也少不了前后联结，但是没有严格的前后顺序，为了让联想更生动，可能会把前面用过的信息再用一次，这样也很符合我们学习和生活中很多记忆的情况。

串连法要遵循以下原则。

（1）有具体的图像。意思就是当我们把记忆的材料转换成图像时，这个图像要具体形象，不可以似是而非。比如“仪器”这个词语，仪器的种类很多，当我们转换成图像时要具体到某一个仪器，是显微镜还是医学方面的其他仪器。

（2）图像两两相连并接触。这个规则告诉我们，两个毫无关联的信息经过加工处理，一定要让它们之间产生联系，要保证这两个图像是紧密接触的。比如小猫跟苹果，我们可以说小猫在吃苹果，也可以说小猫用脚踢苹果，但是不可以说小猫爱苹果，也不可以说小猫旁边有个苹果，因为后两种情况小猫和苹果并没有两两相连。

（3）一般使用动词连接。观察刚才列举的小猫和苹果这个例子，我们会发现前面两个正确的案例有点像英语语法里的正在进行时，是一个可以看得见、想得到的动作，转化成动作以后，大脑里会浮现一个动作想象，如此便可以加深我们的印象，起到记忆深刻的效果了。

通过前面的例子，我相信大家应该知道串连法大概是怎么回事。其实很简单，也确实很实用。可能很多读者这时候会认为自己已经掌握了，其实不然，我们仅仅知道了方法，知道了里面的原理，就好比我们看到魔术师变了一个很震撼的魔术，然后魔术师给我们揭示了这个魔术的奥妙，这时候难道我们就会变魔术了吗？不是吧，我们也只是知道了他是如何做到的，但是不等同于我们自己也会做。所以，知道了方法不等于拥有了能力，方法和技术是需要训练才可以获得的。

希望各位读者一定要纠正一个错误思维，就是当你们看记忆法的书的时候，不要一味追求看的书多或者是学到的方法多，要重视训练，每当学会一种方法时一定要训练，当你发现可以轻而易举地记住那些记忆材料时，才表示你已经具备了这个能力，真正地掌握了这个方法。

下面就让我们一起来训练，希望大家可以认真地完成下面的练习。

规则：一遍将这些词语记完，然后合上书本，检验自己记住了多少。

面包　铅笔　裙子　松鼠　妈妈　足球　猴子　拐棍　龙　乌云　闪电　男孩　电视

训练一遍肯定是不够的，为了掌握得更牢固，下面我给大家罗列了几组词语，请各位读者完成，训练量的大小视个人情况而定。

练习1

蟹→报纸→跑步→名片→铅笔→猫→手枪→计算机→三明治→卷尺→鸡翅→复印机→胶布→帆船→蜗牛→打字→飞机→菊花→火锅→眼镜

练习2

红豆→教科书→账单→梳妆台→教堂→笔筒→白云→公主→诊所→蚂蚁→印章→报纸→温泉→补习班→孔雀→鸡蛋→和尚→喇叭→气管→户口

练习3

记者→老鼠→橙汁→运动会→太平洋→温度计→彩虹→牙刷→河流→苹果→榴梿→乳猪→乌龟→焗炉→手指→奶粉→五指山→邮票→汽车→啤酒

练习4

狮子→妈妈→牛油→火箭→公仔面→小偷→洗衣机→手臂→大学→肥皂→可乐→家庭主妇→炸药→冬菇→鲸鱼→新闻→沼泽→询问处→酒店→书架

练习5

毛衣→电话→胡子→书桌→订书机→牙刷→玫瑰花→胶片→硫黄→猪肉→书店→写字夹→档案→花园→小狗→菜心→会议→牛仔裤→树枝→墨鱼

第9节　高效记忆之定位法

学习和生活中遇到的信息有长有短，对于一些比较短小、琐碎的信息，我们可以用串连法将其连在一起变得简单易记。假如遇到一些比较长的信息，又或者是需要我们有条理地去储存的信息，这时候串连法就不适用了，串得太长，中间如果断线，整个都想不起来。因此，我们需要引入另外一种功能更强大的方法——定位法。

何为定位法呢？香港TVB电视剧《读心神探》，剧中的重案组组长姚sir在上学的时候，由于记不住书本上的知识故而成绩一直很差，还因此常常被亲戚们瞧不起。有一次考试之后，他又被长辈说成绩太差而独自来到公园散心。这时，一个小女孩走过来跟他聊天。他便把自己的心事告诉小女孩，希望能够提高自己的记忆力，考出好成绩，让大家对他刮目相看。结果这个女孩便告诉了他一个神奇的记忆方法——记忆宫殿法。

通过想象，小女孩带领姚sir一起进入他大脑的记忆宫殿。他们打开大门走了进去。小女孩告诉他把自己的大脑想象成一座宫殿或者大房子，房子里有很多房间，每个房间里都放着不同的内容，这些内容就是他要记忆的事物。比如要记忆汉朝的皇帝名称，打开房间的第一扇门，他们看到汉高祖皇帝坐在眼前，他正在吃着汉堡，而他手边还放着一块蛋糕，吃了一顿丰盛的早餐，所以他的名字叫“汉糕祖”，也就是“汉高祖”了。而进入另一扇门，他们看见皇帝吃完饭后胃痛无比，所以叫“惠帝”。接着打开另外一扇门，这位皇帝拿出一瓶药闻了闻，因此叫“文帝”。越是鲜活生动的影像越是记忆深刻。在小女孩的帮助下，姚sir学会了这种记忆方法，再加上自己的不断努力，成绩突飞猛进，甚至成为过目不忘的人，被别人戏称为“超级电脑”。

宫殿记忆法是一种发源于古罗马的古老记忆法。那时候因为印刷术没有普及，知识非常珍贵，都需要用人脑记下来，于是聪明的古人就发明这种记忆方法。使用这种方法可以让人们记住难以置信的海量信息，很多记忆绝活也归功于此。

比如当初我在训练记忆法时，最快时练到了27秒记住一副打乱的扑克牌；5分钟记住了将近400个无规律的阿拉伯数字。后来我还花了五六天的时间把将近五千字的《道德经》背下来，可以做到任意抽背，至今仍然记得。

明代的传教士利玛窦也是利用这种记忆方法才拥有超强的记忆力，同时他还著成了一部《西国记法》，用来向世人介绍自己的记忆方法。

在这个信息爆炸的时代，人们每天都要接受大量的知识，理解并记住大量的信息，进而适应这个快速变化的社会，这就使得人们更加需要一种好的方法来进行记忆，由此出现了越来越多的记忆培训学校和课程，研究并帮助人们提高自己的记忆力。看到这里大家就明白了，其实这种神奇的记忆法仅仅是运用到了我们的形象思维，需要想象力而已，是一种帮助我们记忆的方法，并没有说的那么神奇，右脑开发、右脑记忆等说法都是不太准确的。

世界脑力锦标赛第一次进入中国时，涌现出了一大批记忆大师，引起了人们的好奇。中央电视台特意找到一些生理学家、心理学家、脑神经专家等了解里面的窍门。当时专家们做过实验，让从未学过记忆法的实验对象去记住一串数字，然后默写出来。第二次实验是在前几次的基础上增加几个数字，以此类推，每一次都比前一次增加几个数字。经过反复训练，我们发现实验对象可以记住的信息量相比之前每一次都有进步，当然进步到一定程度后会达到一个瓶颈，也就是人的记忆极限。

专家解读说这是利用训练来锻炼大脑的刷新能力，这种能力就像是软件一样，是大脑生理功能的进步。众所周知，人的大脑主管记忆功能的是记忆中枢，也就是海马回（海马体），记忆中枢细胞的质量和数量直接关系到记忆力的好坏。这些专家所做的实验就是通过训练来提高我们记忆中枢的细胞质量和数量。

而记忆法的原理就像是硬件，我们是借助了外物来帮助记忆，其实是外部作用的结果，大脑内部并没有发生任何改变。当然，不管黑猫白猫，能够抓到老鼠就是好猫，我们无法改变大脑天生的记忆特性，通过借助外物来达到提高记忆的效果，也是非常好的一种方法。

宫殿记忆法经过后来的延伸，我们把它叫作定位法。了解了宫殿记忆法的原理后，大家会发现宫殿里或者房间里的那些门和窗之类的东西都只是作为一个载体，用来承载我们需要记忆的信息。

其实并不是只能用房间或者宫殿里面的场景，只要是我们自己熟悉的，能够提前记在脑海中的事物都可以作为载体。因此，我们又延伸出了很多其他的定位法——身体定位法、数字定位法、地点定位法、标题定位法。

接下来我们一一做具体的分析。身体定位法顾名思义，就是在我们的身体上按顺序找一些部位，然后把需要记忆的信息与我们的身体部位分别进行连接，这样不仅可以帮助我们非常快地记住要记的东西，还可以帮助我们记住它们的顺序。

首先让我们从头到脚找出十个身体部位作为定位系统。

头　耳朵　眼睛　鼻子　嘴巴　脖子　肚子　手　膝盖　脚

用身体部位记忆下面这些词语。

珊瑚　雨伞　葫芦　三丝　棒球　歌声　蝌蚪　眼镜　尿壶　奇异果

第一个部位头如何和珊瑚联系到一起呢？可以这么去想：头上长出了很多的珊瑚。第二个部位耳朵对应的是雨伞。可以想象别人用雨伞戳了一下我的耳朵，我感到好痛。第三个部位眼睛对应的是葫芦。可以说葫芦飞过来砸到了眼睛，眼睛肿了。

后面的每一个词语都可以运用这种方式去进行联想，十个部位对应十个词语，请大家自己完成剩下的。我们会发现一遍就可以很轻松地记住了，而且顺序不会错乱。其实我们记住的是十个身体部位，只是通过回忆部位时对应想到了上面所承载的词语。

宫殿记忆法就像是我们要建立一个仓库，然后需要储存信息时，把这些信息放进这个仓库里，仓库越大，能够储存的东西就越多，我们要尽可能准备更多的载体，才能记住大量的信息。

身体定位法有个弊端，就是人的身体有限，能够找到的部位不多，可以承载的信息量也很少。所以，我们要引入另外一种功能更强大，可以记住更多信息的方法——数字编码定位法。

第10节　高效记忆之数字编码法

数字编码就是把宫殿记忆法的空间载体换成数字，同样可以把需要记忆的信息有条理地储存下来。比起空间载体，数字载体有个优势，就是熟悉、简单，可以信手拈来。空间载体可能会出现忘记了顺序或者记忆不清晰等情况，数字载体则不会。

以下是数字1~00以及01~09的数字编码。

1
2
3
4
5
6
7
8
9
10
11
12
13
14
15
16
17
18
19
20
21
22
23
24
25

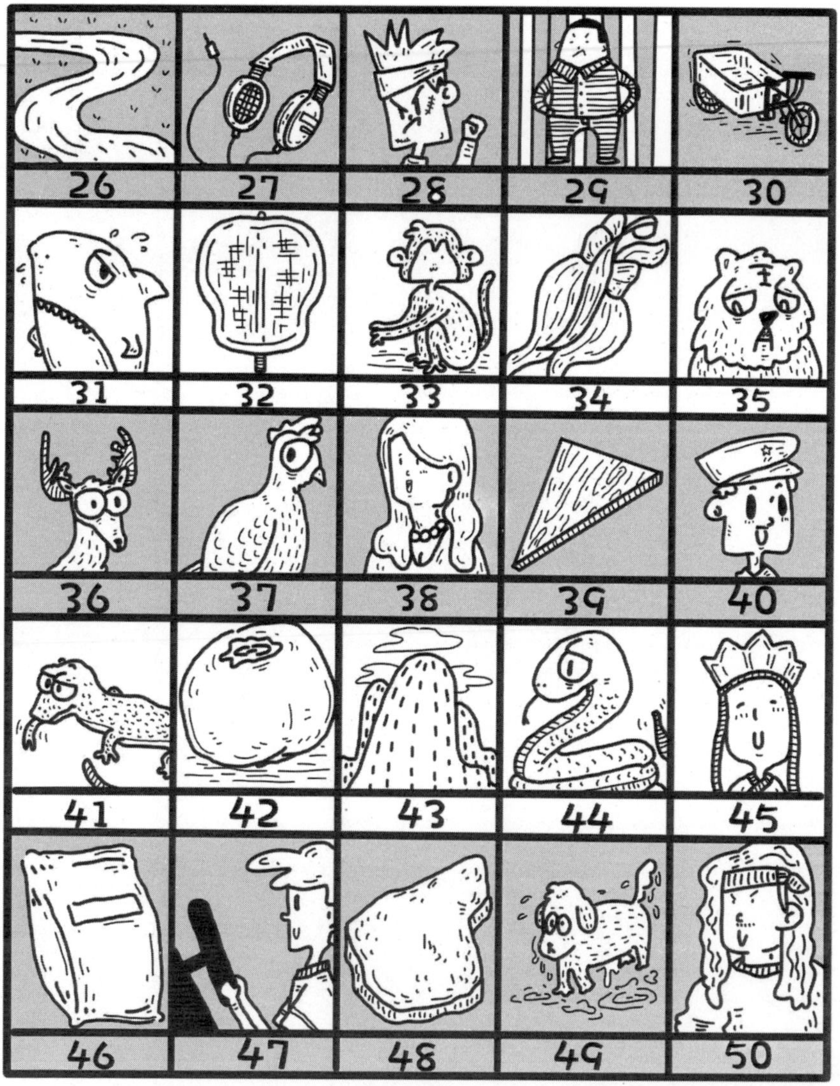
26
27
28
29
30
31
32
33
34
35
36
37
38
39
40
41
42
43
44
45
46
47
48
49
50

51
52
53
54
55
56
57
58
59
60
61
62
63
64
65
66
67
68
69
70
71
72
73
74
75

76
77
78
79
80
81
82
83
84
85
86
87
88
89
90
91
92
93
94
95
96
97
98
99
00

下面示范用数字编码定位法记忆三十六计。

1 第一计　瞒天过海　2 第二计　围魏救赵　3 第三计　借刀杀人

4 第四计　以逸待劳　5 第五计　趁火打劫　6 第六计　声东击西

7 第七计　无中生有　8 第八计　暗度陈仓　9 第九计　隔岸观火

10 第十计　笑里藏刀　11 第十一计　李代桃僵　12 第十二计　顺手牵羊

13 第十三计　打草惊蛇　14 第十四计　借尸还魂

15 第十五计　调虎离山　16 第十六计　欲擒故纵

17 第十七计　抛砖引玉　18 第十八计　擒贼擒王

19 第十九计　釜底抽薪　20 第二十计　浑水摸鱼

21 第二十一计　金蝉脱壳　22 第二十二计　关门捉贼

23 第二十三计　远交近攻　24 第二十四计　假道伐虢

25 第二十五计　偷梁换柱　26 第二十六计　指桑骂槐

27 第二十七计　假痴不癫　28 第二十八计　上屋抽梯

29 第二十九计　虚张声势　30 第三十计　反客为主

31 第三十一计　美人计　32 第三十二计　空城计

33 第三十三计　反间计　34 第三十四计　苦肉计

35 第三十五计　连环计　36 第三十六计　走为上计

三十六计本身内容不算多，普通人如果要死记下来也不是难事，但是如何一遍就记下来并做到随意点背就非常难了，接下来我就以第一计到第十计举例子说明。

1 瞒天过海（1的代码是蜡烛，我们可以想象有个人点着蜡烛偷偷地瞒着天过海）

2 围魏救赵（2的代码是鸭子，有个将军率领一群鸭子去围住魏国救赵国）

3 借刀杀人（3的代码是耳朵，有个人借了一把刀去杀人，没杀成就把那个人的耳朵割下来了）

4 以逸待劳（4的代码是帆船，有个人躺在帆船上在海里晒太阳，以自己的安逸等待着别人的辛劳成果）

5 趁火打劫（5的代码是钩子，趁着发生了火灾，拿着一把钩子去打劫）

6 声东击西（6的代码是勺子，拿着勺子到处敲响）

7 无中生有（7的代码还可以是拐杖，人本来是两条腿的，拄着一条拐杖就是三条腿，也就是无中生有多了一条腿）

8 暗度陈仓（8的代码是眼镜，想象有个人偷偷地潜水想渡到陈仓那个地方去，既然潜水当然得戴游泳眼镜了）

9 隔岸观火（9的代码是哨子，对岸发生了火灾，大家隔着岸看着，然后消防队长把哨子一吹，所有人一起过去救火）

10 笑里藏刀（10的代码是棒球，棒球比赛时，选手之间表面上互相笑，其实笑里藏刀，心里是想打败对方的）

讲完这十计，相信大家对数字定位法有所了解了吧，根据上面的例子，可以尝试着把剩下的内容记下来，看看效果怎么样。

相信大家已经知道了数字编码定位法的原理了。这些编码都是我们提前就记得滚瓜烂熟的，然后用这些熟悉的编码去记陌生的信息，一一对应地联系，就可以轻松地记住。

数字编码定位法在考试中也是非常实用的一种方法，简单、高效。尤其是政治、历史、司法考试，甚至建造师考试里的一些问答题，都可以用数字编码定位法来解决。

有的读者会问，把一本书倒背如流是如何做到的呢？《最强大脑》上那些项目的记忆量都是巨大的，数字编码都不够用，还可以有序地储存，做到随机提取，这又是如何做到的呢？

第11节　高效记忆之地点定位法

这里我们要介绍另外一种功能更强大，也是使用得最多的方法——地点定位法，需要记住大量信息时都会用地点定位法。《最强大脑》上与记忆相关的项目绝大多数都是用的地点定位法。数字编码定位法是用数字作为定位系统，地点定位就是用我们生活中熟悉的一些场景地点作为定位系统，然后将需要记忆的信息放在上面，也就是前面说的宫殿记忆法。

尝试着从下图中找到我们想要的定位系统吧。

这里我们找出了10个细节的部分作为定位桩，供大家参考。

我们用上面的这一组地点桩来尝试记忆20个无规律的词语。

蜈蚣 和尚 锄头 白蚁 螺丝 手枪 恶霸 牛儿 溜冰鞋 舅舅

八路 恶霸 凳子 石板 二胡 三丝 鳄鱼 仪器 手枪 气球

选择地点作为定位系统时要遵循以下原则。

（1）熟悉的，例如家或者学校就是我们熟悉的地方。

（2）有一定的顺序，这样我们才更容易记住地点，不会记混地点的前后顺序，记忆起来会更加轻松、方便，遵照顺时针或者逆时针顺序都可以。

（3）有特征，例如上面的鸟笼、窗口、地毯都是有特征的地点，这样记忆起来更加轻松，如果一间教室里有很多桌子、椅子，切记不要把每一张桌子、椅子都当作一个地点，这样容易混淆。

在一个场景中选取地点时，选取多少个为宜呢？这个要根据场景的大小来选取。一般我们选择的场景都是家里、卧室、餐厅等。一个场景中最好选取一个整数，比如10个，或者15个，或者20个，这样方便我们的记忆和使用以及对信息的管理。

比如前页图中，也许有的人说可以找到12个或者13个，基于整数原则，我们就选取10个为宜，然后用这10个地点来尝试着记忆下面的20个词语，原则是一个地点放两个词语。

地点定位法记词语的规则是将两个词语联想成一个动态的小片段，然后以地点作为载体把片段放在上面，脑海中要浮现出一幅很清晰的画面，有一种身临其境的感觉，好像真的看到眼前发生了这个故事一样。这句话看似简单，却道出了地点定位的真谛。

很多人在联想时会出现很多问题：有的人将两个词语联系在一起了，却没有跟地点紧密结合；有的人将其中一个词语跟地点联系得很紧密，发生的动态画面却不在地点上；画面想象不够清晰，比如铅笔，有的人仅仅是想到了一根圆圆的东西，这样是不够的，要清晰地想象出铅笔的颜色、形状，包括上面的一些图案等，不能够似是而非；再比如手机，有的人只是想象出了一个长方形的东西，很模糊的一个轮廓，这样不够，会跟其他很多类似长方形的编码混淆在一起，因此，一定要清晰地想到手机的颜色、形状，包括边角等。

图中第一个地点树根对应的词语是蜈蚣、和尚。有的人想成：树根上面飞出一条蜈蚣咬到了一个和尚。这是错误的，因为在这个联想过程中，蜈蚣咬和尚这一动态的瞬间并不是发生在树根上的。当我们下次回忆到树根时，对于上面发生的故事没有任何画面，会出现想象空白的情况。

正确的联想方式是：脑海中浮现出一条很形象的蜈蚣，飞过去一口咬中了树根那里坐着的一个和尚；或者是树根那里有一条巨大的蜈蚣正在咬一个和尚。蜈蚣要想到是什么颜色，黑色还是绿色，或是深黄色；和尚要想到是光头，还穿着灰色的袍子，胸前戴着一串佛珠。只有画面足够清晰，才能避免回忆的时候模棱两可，而且想象的画面清晰可以加强记忆的深刻度。

第12节　高效记忆之文字转换技巧

在很多需要记忆的信息中，通常来讲，名词、形容词我们都很容易进行逻辑联想，或者是编故事，但是有些词语或者文字本身就是很抽象的，这时候我们发现不太好进行联想，因此，需要我们对文字进行加工转换。

同一个文字或者词语有很多种转换对象，究竟选择哪一种呢？这个要根据题目本身来看，结合整个题目，转换成哪一种取决于后面要与之联系的对象，要使得转换后的信息能够很好地跟需要与之发生关联的对象很巧妙、很有逻辑地联系到一起。

比如，西汉时期发明了纸。“西汉”转换成“吸汗”，是因为后面的对象是纸，而纸恰巧可以吸汗，因此，转换成“吸汗”就是非常恰当的。

再比如，四大道教名山之一的四川青城山，有的人会说四川的整个城市青青绿绿的，这样也还说得过去，但并不是最好的，因为逻辑性不太够，最好的方法是把“青城”想成“倾城”，众所周知，四川因其得天独厚的地理位置和人文环境，自古就出美女，所以我们可以这么说：四川的美女倾国倾城。

又如，中国科举考试的四个等级：院试、乡试、会试、殿试。我们把第一个字改成愿、第二字改成相，这样四个字组合在一起就是：愿相会殿。把这一句浓缩版的话进行扩充就是：古代考科举的人都但愿最后能够相会在皇帝的大殿里（相会在皇帝的大殿里说明考中了）。这里我们会发现院的同音字很多，但是选择“愿”是因为可以更好地与后面的字组合在一起，变成一句有逻辑、有意义的话。

其实这里还可以用我们之前说的逻辑思维去记，自己找到题目内在的逻辑关系。按照等级的高低，我们可以说，古代科举考试最低的等级就是在一个小小的院子里考试，通过了就可以去乡里参加下一轮考试，再高一级别就是在大会场参加考试，最后是到皇帝的大殿里考试。

文字转换技巧是一种思维方式，养成这种思维习惯，在记忆法的使用中非常重要。看似简单地由一个文字转换成另外一个文字，实则难度非常大，这也是让很多读者疑惑的地方：看书上的案例写得很有道理，可是自己却不会灵活运用。

下面我们以小学生的经典国学《弟子规》作为案例，带着大家一起来训练这种思维方式，效果非常明显。前面会有一些详细讲解的案例，然后大家根据案例试着去拆解其他的语句，通过训练，慢慢地就会越来越熟练。

1. 弟子规　圣人训　2. 首孝悌　次谨信　3. 泛爱众　而亲仁

4. 有余力　则学文　5. 父母呼　应勿缓　6. 父母命　行勿懒

7. 父母教　须敬听　8. 父母责　须顺承　9. 冬则温　夏则凊

10. 晨则省　昏则定　11. 出必告　返必面　12. 居有常　业无变

13. 事虽小　勿擅为　14. 苟擅为　子道亏　15. 物虽小　勿私藏

16. 苟私藏　亲心伤　17. 亲所好　力为具　18. 亲所恶　谨为去

19. 身有伤　贻亲忧　20. 德有伤　贻亲羞　21. 亲爱我　孝何难

22. 亲憎我　孝方贤　23. 亲有过　谏使更　24. 怡吾色　柔吾声

25. 谏不入　悦复谏　26. 号泣随　挞无怨　27. 亲有疾　药先尝

28. 昼夜侍　不离床　29. 丧三年　常悲咽　30. 居处变　酒肉绝

31. 丧尽礼　祭尽诚　32. 事死者　如事生　33. 兄道友　弟道恭

34. 兄弟睦　孝在中　35. 财物轻　怨何生　36. 言语忍　忿自泯

37. 或饮食　或坐走　38. 长者先　幼者后　39. 长呼人　即代叫

40. 人不在　己即到　41. 称尊长　勿呼名　42.对尊长　勿见能

43. 路遇长　疾趋揖　44. 长无言　退恭立　45. 骑下马　乘下车

46. 过犹待　百步馀　47. 长者立　幼勿坐　48. 长者坐　命乃坐

49. 尊长前　声要低　50. 低不闻　却非宜　51. 进必趋　退必迟

52. 问起对　视勿移　53. 事诸父　如事父　54. 事诸兄　如事兄

55. 朝起早　夜眠迟　56. 老易至　惜此时　57. 晨必盥　兼漱口

58. 便溺回　辄净手　59. 冠必正　纽必结　60. 袜与履　俱紧切

61. 置冠服　有定位　62. 勿乱顿　致污秽　63. 衣贵洁　不贵华

64. 上循分　下称家　65. 对饮食　勿拣择　66. 食适可　勿过则

67. 年方少　勿饮酒　68. 饮酒醉　最为丑　69. 步从容　立端正

70. 揖深圆　拜恭敬　71. 勿践阈　勿跛倚　72. 勿箕踞　勿摇髀

73. 缓揭帘　勿有声　74. 宽转弯　勿触棱　75. 执虚器　如执盈

76. 入虚室　如有人　77. 事勿忙　忙多错　78. 勿畏难　勿轻略

79. 斗闹场　绝勿近　80. 邪僻事　绝勿问　81. 将入门　问孰存

82. 将上堂　声必扬　83. 人问谁　对以名　84. 吾与我　不分明

85. 用人物　须明求　86. 倘不问　即为偷　87. 借人物　及时还

88. 后有急　借不难　89. 凡出言　信为先　90. 诈与妄　奚可焉

91. 话说多　不如少　92. 惟其是　勿佞巧　93. 奸巧语　秽污词

94. 市井气　切戒之　95. 见未真　勿轻言　96. 知未的　勿轻传

97. 事非宜　勿轻诺　98. 苟轻诺　进退错　99. 凡道字　重且舒

100. 勿急疾　勿模糊　101. 彼说长　此说短　102. 不关己　莫闲管

103. 见人善　即思齐　104. 纵去远　以渐跻　105. 见人恶　即内省

106. 有则改　无加警　107. 惟德学　惟才艺　108. 不如人　当自励

109. 若衣服　若饮食　110. 不如人　勿生戚　111. 闻过怒　闻誉乐

112. 损友来　益友却　113. 闻誉恐　闻过欣　114. 直谅士　渐相亲

115. 无心非　名为错　116. 有心非　名为恶　117. 过能改　归於无

118. 倘掩饰　增一辜　119. 凡是人　皆须爱　120. 天同覆　地同载

121. 行高者　名自高　122. 人所重　非貌高　123. 才大者　望自大

124. 人所服　非言大　125. 己有能　勿自私　126. 人有能　勿轻訾

127. 勿谄富　勿骄贫　128. 勿厌故　勿喜新　129. 人不闲　勿事搅

130. 人不安　勿话扰　131. 人有短　切莫揭　132. 人有私　切莫说

133. 道人善　即是善　134. 人知之　愈思勉　135. 扬人恶　既是恶

136. 疾之甚　祸且作　137. 善相劝　德皆建　138. 过不规　道两亏

139. 凡取与　贵分晓　140. 与宜多　取宜少　141. 将加人　先问己

142. 己不欲　即速已　143. 恩欲报　怨欲忘　144. 报怨短　报恩长

145. 待婢仆　身贵端　146. 虽贵端　慈而宽　147. 势服人　心不然

148. 理服人　方无言　149. 同是人　类不齐　150. 流俗众　仁者稀

151. 果仁者　人多畏　152. 言不讳　色不媚　153. 能亲仁　无限好

154. 德日进　过日少　155. 不亲仁　无限害　156. 小人进　百事坏

157. 不力行　但学文　158. 长浮华　成何人　159. 但力行　不学文

160. 任己见　昧理真　161. 读书法　有三到　162. 心眼口　信皆要

163. 方读此　勿慕彼　164. 此未终　彼勿起　165. 宽为限　紧用功

166. 工夫到　滞塞通　167. 心有疑　随札记　168. 就人问　求确义

169. 房室清　墙壁净　170. 几案洁　笔砚正　171. 墨磨偏　心不端

172. 字不敬　心先病　173. 列典籍　有定处　174. 读看毕　还原处

175. 虽有急　卷束齐　176. 有缺坏　就补之　177. 非圣书　屏勿视

178. 敝聪明　坏心志　179. 勿自暴　勿自弃　180. 圣与贤　可驯致

以上是《弟子规》的全文，一共是180句，如果没有技巧，死记硬背的话难度相当大，假如要做到抽背点背，那就几乎不可能完成了。《弟子规》不是我们常见的白话文，有些语句甚至很抽象，因此，我们需要将抽象的文字语言转换成形象具体的，方便记忆。比如《弟子规》第一句“弟子规，圣人训”，我们可以把“规”转换成同音字“龟”，1的编码是蜡烛，联想到弟子用蜡烛去烧乌龟，于是圣人就教训他要爱护小动物，这么做是不对的。再比如第70句“揖深圆，拜恭敬”，像这种意思不太明显的语句，哪怕看翻译理解了它的含义依然不太好记住原文，因此，我们就可以把抽象的文字进行转换。“揖深”转换成“医生”，“拜恭敬”转换成“百公斤”，70的编码是冰激凌，联想医生用一元钱买了一个冰激凌，它有一百公斤那么重。

下面附上前一百句整理好的每一句的转换版，各位读者可以参考一下，试着理解其中的原理，还可以尝试想出一些不一样的，直到自己可以熟练地转换运用。

弟子规　圣人训　1弟子用蜡烛烧龟，被圣人教训

首孝悌　次谨信　2一只鹅收了小弟，赐给他一封金信

泛爱众　而亲仁　3耳朵上的饭爱吃粽子，而且喜欢亲别人

有余力　则学文　4帆船上鱿鱼用力学蚊子飞

父母呼　应勿缓　5父母挂在秤钩上打呼噜，鹦鹉缓慢叫醒

父母命　行勿懒　6父母命令我们洗勺子，我们行动不能太懒

父母教　须敬听　7父母教如何用镰刀，边玩胡须边静静地听

父母责　须顺承　8父母责备我们把眼镜弄坏了，我们要温顺地承认错误

冬则温　夏则清　9口哨冬天发瘟，夏天得禽流感

晨则省　昏则定　10早晨醒来打棒球，打完棒球婚就定了

出必告　返必面　11把梯子拿出去时必须告诉父母一声，返回时必须

面见他们一下

居有常　业无变　12婴儿在椅子上吃猪油肠，夜晚会无大便

事虽小　勿擅为　13医生说柿子虽小，雾散就喂我吃

苟擅为　子道亏　14狗扇尾时把钥匙扇走了，知道吃亏

物虽小　勿私藏　15鹦鹉这动物虽小，也不要私自藏起来

苟私藏　亲心伤　16石榴被狗私自藏起来了，亲人很伤心

亲所好　力为具　17亲人把仪器锁好，立为证据

亲所恶　谨为去　18亲人锁好腰包里的物品，警卫离去

身有伤　贻亲忧　19衣钩把我身体钩伤了，阿姨亲自上油

德有伤　贻亲羞　20香烟把阿德烧到有伤，阿姨亲自帮他休养

亲爱我　孝何难　21鳄鱼亲我又爱我，笑一下有何难

亲憎我　孝方贤　22双胞胎想清蒸我，我马上跑到消防线上

亲有过　谏使更　23和尚亲了一下油锅，见识更广了

怡吾色　柔吾声　24咦？怎么闹钟无色又无声？

谏不入　悦复谏　25二胡硬，箭不入，岳父就再射一支箭

号泣随　挞无怨　26河流里有好汽水，踏进去也无怨

亲有疾　药先尝　27戴着耳机亲油鸡，也要吃香肠

昼夜侍　不离床　28恶霸生病，我昼夜侍候他不离床

丧三年　常悲咽　29饿囚已经丧生三年，我常背椰子想念他

居处变　酒肉绝　30站在三轮车上举出辫子，把酒肉灭绝

丧尽礼　祭尽诚　31在鲨鱼的丧事上要敬礼，摆鸡精和橙

事死者　如事生　32拿着扇儿的是使者，跟我如师生

兄道友　弟道恭　33满天星星下，兄倒油，弟倒弓

兄弟睦　孝在中　34兄弟用三丝围木头，扔进小寨中

财物轻　怨何生　35山虎像财物那么轻，这都怨为什么出生

言语忍　忿自泯　36山鹿把腌好的鱼人，分给子民

或饮食　或坐走　37一只山鸡又饮又食后，坐一会儿走一会儿

长者先　幼者后　38妇女前面是老人，后面是年幼的小孩

长呼人　即代叫　39张夫人在山丘上对着鸡大叫

人不在　己即到　40司令看到人不在，就自己到了

称尊长　勿呼名　41蜥蜴被称军长，呜呼呜叫

对尊长　勿见能　42对军长，不要献嫩柿儿

路遇长　疾趋揖　43在石山的路上遇到长辈，急忙吹衣服

长无言　退恭立　44长辈说蛇无盐不吃，我退到一公里外去找

骑下马　乘下车　45师傅骑一下马，乘一下车

过犹待　百步馀　46饲料过了油袋，再用白布装给鱼吃

长者立　幼勿坐　47公交车上，司机告诫我们长辈站立的时候，小孩子不要坐，要给长辈让座

长者坐　命乃坐　48长者坐在石板上命令奶奶坐下

尊长前　声要低　49湿狗在军长前，声要低

低不闻　却非宜　50武林盟主用底布养蚊，却伤了飞蚁的心

进必趋　退必迟　51工人拿着金币去退币，发现太迟了

问起对　视勿移　52鼓儿上有蚊子七对，把食物移走

事诸父　如事父　53乌纱帽是猪父亲的，如果你是猪父亲就戴吧

事诸兄　如事兄　54所有的青年都是猪的兄弟，比如我师兄就是了

朝起早　夜眠迟　55火车上早上起得早，夜晚睡眠得迟

老易至　惜此时　56老椅子上葫芦吸磁石

晨必盥　兼漱口　57武器早晨闭关，兼漱口

便溺回　辄净手　58尾巴便溺回来了，则要把手洗干净

冠必正　纽必结　59一只蜈蚣的冠戴得好正，纽扣结得很紧

袜与履　俱紧切　60我挖淤泥，锯子紧切榴梿

置冠服　有定位　61儿童们制造官服，有预先定位

勿乱顿　致污秽　62勿乱炖牛儿，致屋灰

衣贵洁　不贵华　63流沙擦过的衣柜很清洁，布柜就很滑

上循分　下称家　64在螺丝上勤奋，下称家

对饮食　勿拣择　65对用尿壶装的饮食，我们在雾间选择

食适可　勿过则　66石狮渴，但很多蝌蚪，无法过泽喝水

年方少　勿饮酒　67你在油漆旁放哨，我饮酒

饮酒醉　最为丑　68饮酒醉了就吹喇叭，这事最丑了

步从容　立端正　69穿八卦袍的道士步子从容，站立很端正

揖深圆　拜恭敬　70医生吃的冰激凌是圆的，而白宫是干净的

勿践阈　勿跛倚　71吃鸡翼不要在监狱也不要拨椅

勿箕踞　勿摇髀　72企鹅勿聚集勿摇手臂

缓揭廉　勿有声　73用花旗参缓慢揭窗帘，不要有声音

宽转弯　勿触棱　74骑士宽宽地转弯，不要碰触到棱角

执虚器　如执盈　75西服要直需要气，如果直了就赢了

入虚室　如有人　76气流进入虚室，如有人

事勿忙　忙多错　77机器人事务太忙，忙了就多错

勿畏难　勿轻略　78对青蛙勿喂南瓜，勿侵略

斗闹场　绝勿近　79气球飘满斗闹场，街舞劲

邪僻事　绝勿问　80巴黎铁塔上用鞋子劈柿子，街舞稳

将入门　问孰存　81白蚁领将军入门，问书城在哪儿

将上堂　声必扬　82将军要到厅堂打靶，突然大声说“鼻子好痒”

人问谁　对以名　83有人问芭蕉扇是谁的，我说对面移民的

吾与我　不分明　84巴士上的屋与窝，不分明

用人物　须明求　85用人的宝物，须明白地请求

倘不问　即为偷　86八路躺不稳，因为鸡尾被偷了

借人物　及时还　87借人家的白棋，要及时还

后有急　借不难　88爸爸在吃很厚的油鸡，借吃一口不难吧

凡出言　信为先　89芭蕉泛出盐，有辛味也有鲜味

诈与妄　奚可焉　90用酒瓶炸渔网，然后吸口烟

话说多　不如少　91作为球衣，话说太多，不如说少一点

惟其是　勿佞巧　92球儿围着骑士，不能拧不能敲

奸巧语　秽污词　93用旧伞煎草鱼，然后汇聚在污池里

市井气　切戒之　94试试首饰的金气，就先切开戒指

见未真　勿轻言　95酒壶上见到味精，还冒雾和青烟

知未的　勿轻传　96职位太低了，手上的旧炉子就不要轻易传给别人

事非宜　勿轻诺　97旧旗上的是飞蚁，到雾里轻轻挪动

苟轻诺　进退错　98狗在球拍上轻轻挪动，进退都是错

凡道字　重且舒　99舅舅说凡是刀子都有点重且很舒服

勿急疾　勿模糊　00乌鸡戴着望远镜（00的另一数字代码）唧唧叫，叫到雾模糊

第13节　高效记忆之逻辑联想技巧

还记得中学时做过的那些数理化难题吗？有些题目答案很长很长，当我们在一起讨论分析出了个中原理时，轻而易举地就可以写出答案，但是当我们没搞懂题目就单纯地去记答案时却发现很难。这就是逻辑的力量。

当我们理解了题目的逻辑时，通过分析推理逐步推出答案，所以逻辑是不需要记忆的，甚至逻辑可以帮助我们记忆。逻辑是很可怕的，一个常识或者知识点一旦形成逻辑，哪怕是错的也改不了，这就是为什么有些题目我们一错再错。既然是这样，假如我们可以把某些信息转换成逻辑或者人为地创造出一个逻辑关系来，这样就省去了记忆的麻烦。

如何转换呢？有的人可能会问，有些需要记忆的信息根本没有逻辑可言，这就需要我们运用自己的联想去创造逻辑。比如，根据近代考古学发现，西汉时期发明了纸。如何去记忆这个知识点呢？首先我们要学会精简。这一句话看起来很长，但是真正需要记忆的信息其实只有两个：一个是年代——西汉，一个是物品——纸。这两个信息是没有任何联系的，也没有逻辑性可言，现在需要我们做的就是把“纸”和“西汉”这两个信息想办法联系到一起，这样当别人考到我们这个知识点时，就可以通过一个信息回忆出另外一个信息。

那么如何联系这两个信息呢？假如是两个名词，我们还可以单纯地联想在一起，可“西汉”是一个时代的名字，没有任何意义，因此，我们首先需要通过转换的思维把“西汉”这个抽象的词转换成形象具体的有意义的词，进而就可以跟纸产生联系。转换方式有很多种，转换的过程中选择哪一种是由后面的信息“纸”来决定的，就是说我们把“西汉”转换后的那个词一定要能够跟“纸”很好地、很有逻辑地联系到一起，这才是最好的结果。

所以，通过联想，我们把“西汉”转换成“吸汗”或者“稀罕”是最好的，这样一来就可以很好地找出“吸汗”和“纸”之间的逻辑关系。我们可以说“纸是用来吸汗的”，这样当我们想到纸时会条件反射地想到纸的功能是用来“吸汗”（西汉）的。如果把“西汉”转换成“稀罕”，我们就可以这么想：在古时候，纸是很稀罕的。这些都是运用了逻辑思维，当然前提是把一些需要转换的信息转换过来，然后把前后两个没有任何关联的信息创造出一个逻辑联系起来。

再看一个案例，这是建造师考试里的一个题目，“租赁费用主要包括：租赁保证金、租金、担保费”。我在寻找案例时看过很多专业科目的考试书籍，比如在会计考试、司法考试里都有类似的题目。一切的记忆难点就在于信息之间的关联度不够，就像刚才的西汉时期出现了纸，西汉和纸没有联系。同理，这道题的难点在于题目本身和被包含的三点没有联系，相信参加过考试的读者们应该有这个体会，答这种题目时总是会有那么一两条想不起来。

那么，现在我们就用上面说到的逻辑联想的方式把题目和所包含的三个要点这四个信息给串起来。我们可以这么想：“租赁别人的东西时就像租房子一样，费用包含三个方面，首先得交租金嘛，然后还得交押金也就是租赁保证金，由于现在租房子要求很严格，因此，还得有人帮你担保，所以得交担保费。”利用我们的联想能力人为地创造逻辑，就可以很巧妙地把题干和答案联系在一起，是不是很轻松就可以记住了呢？

第3章

语文知识高效记忆

第1节　生僻字记忆方法

语文中有很多生僻字，见过一次，但是使用频次不高，后来遇到时经常想不出读音来。各位是否想过，为什么记不住？难点究竟在哪里呢？

有的人说生僻字太复杂，有的人说生僻字使用不多，当然这都是其中一部分原因，其实记不住这些信息的核心难点在于文字本身跟文字的读音没有任何联系，我们在记忆时通常是靠死记硬背将两者强行串连在一起，因此，一旦时间长了，就会出现看到文字感觉似曾相识，却又无法准确地回忆出读音来。

既然知道了难点，在记忆这类信息时，我们就要想办法将文字和读音联系起来，这样看到其中一个就可以很好地想起下一个。

比如“虢”这个字，大家是否知道这个字读什么呢？读guo。汉字是组合象形文字，《说文解字》这本书里就对汉字的拆解和组合进行了详细的介绍，“虢”的左边上面像“三点水”，下面是“寸”，右边是“虎”，拆解后的这个字就可以解读为“三寸大的一只老虎”。为了方便联想，这里就需要用到转换的思维方式，将“虢”转换为同音字“国”，之所以这么转，是因为“国”跟“虢”是同音的，可以联想成“三寸大的一只老虎建立了一个动物王国”。

再比如三个火念焱（yàn），三个牛念犇（bēn），这种汉字见过很多次还是会忘记，我们同样可以用这种逻辑联想的方式去记忆。三个火我们就可以想象火很大，由此产生了很强的火焰，焰跟焱同音。犇（bēn）跟奔同音，牛很容易让人想到是奔跑的动物，这个汉字就可以这么去联想：三头牛在路上奔跑比赛。

第2节　易混成语记忆方法

除了单纯的生僻字，还有些成语中的字很容易混淆，看起来不难，可是考试时遇到这些字总是一错再错。

例题1　下列各组词语中，只有一个错别字的一组是（　　）

A. 翔实　词不达意　冷寞　一愁莫展

B. 痉挛　不经之谈　偏辟　励精图治

C. 风靡　孽根祸种　攀缘　始作俑者

D. 倾轧　气冲宵汉　弘扬　扑溯迷离

例题2　下列各组词语中，没有错别字的一组是（　　）

A. 拖沓　娇生贯养　伶俐　倜傥不羁

B. 造次　索然寡味　迁徙　惨绝人圜

C. 描摹　幅员辽阔　惶恐　法网恢恢

D. 窥测　慷慨激昂　装祯　提要钩玄

上面的两个题目各位读者应该都很熟悉吧，高考语文前几个题目就是考这种辨字。这种题目其实很难，而且往往会一错再错。还有很多类似的容易混淆的成语，比如：

1. 川流不息 穿流不息　　2. 关怀备至 关怀倍至

3. 平心而论 凭心而论　　4. 一筹莫展 一愁莫展

5. 融会贯通 融汇贯通　　6. 各行其是 各行其事

7. 按步就班 按部就班　　8. 声名鹊起 声名雀起

我们如何去区分它们呢？

如关怀备至、关怀倍至，通常我们会认为后者是正确的，我们的理解是加倍地去关心别人。但感觉往往是错误的，根本没有这个逻辑，这是一个错误的逻辑。

再比如融会贯通、融汇贯通，有人习惯后面一个，其实正确的答案是前面的一个。我们也是根据成语的意思潜意识地创造了错误的逻辑，我们认为“汇”是“汇聚”的意思，因此，融汇贯通就应该是这个“汇”，其实这个成语的意思是把各方面的知识融合领会、贯穿前后。可能有的读者觉得单纯地从成语的解释意义上来看，还是无法区分两个字之间的差别，那么我们就可以运用记忆法，自己根据成语的意思创造逻辑。我们可以这么去想：任何知识点或者题目你“会”做了，就表示这个知识你融会贯通了。所以，想贯通知识，首先你必须“会”做题目，这就等于是人为地创造了一个逻辑联想。

再比如声名鹊起、声名雀起，正确的是前者。很多人不知道正确的答案，哪怕知道答案了，也并不知道为何是“鹊”，因此，这里我们就可以自己来创造逻辑。大家都知道古时候有个神医叫扁鹊，我们就可以说扁鹊治好了很多人，因此，他名声大噪、声名鹊起。以后只要想到“声名鹊起”这个成语，就想到古时候神医扁鹊声名鹊起，就知道是这个“鹊”。

这就是生僻字、成语易错字的记忆，其实我们很多时候还是要把逻辑思维和转换思维结合起来再用。对于没有意义的生僻字，首先是把没有意义的字转换成有意义的，再进行逻辑联想。成语易错字这种类型的题目，要把正确的那个字跟成语本身联系在一起创造一个逻辑，才能保证看到成语时知道正确的答案。

第3节 如何记忆文学常识中的各种“第一”

第一位女诗人：蔡琰（文姬）

第一部纪传体通史：《史记》

第一部词典：《尔雅》

第一部大百科全书：《永乐大典》

第一部诗歌总集：《诗经》

第一部文选：《昭明文选》

第一部字典：《说文解字》

第一部神话集：《山海经》

第一部文言志人小说集：《世说新语》

第一部文言志怪小说集：《搜神记》

第一部语录体著作：《论语》

第一部编年体史书：《春秋》

第一部断代史：《汉书》

第一部兵书：《孙子兵法》

上面这些知识点跟我们前面说到的也很类似，难点在于前后两个

“点”之间是没有任何联系的，因此容易出现短路，只记得其一，不记得其二。这类知识点记忆的办法就是将前后两个没关联的知识点通过联想给串连起来，遇到不适合联想的就可以将那些抽象的词进行转换，然后再进行联想。

第一位女诗人：蔡琰（文姬）。蔡琰这个名字有些过于抽象，将这个词前后颠倒过来，转换成另外一种同音的词语“腌菜”，联想第一位女诗人爱吃腌菜。

第一部纪传体通史：《史记》。纪传体中的“纪”字改编成“鸡”，“史记”倒过来念就是“鸡屎”。

第一部词典：《尔雅》。左边的信息“词典”中的“典”字和右边的信息“尔雅”中的“雅”字组合在一起是一个很熟悉的词语“典雅”。因此，看到“词典”这个信息时要求我们马上想到——典雅，进而想到“尔雅”。

第一部大百科全书：《永乐大典》。这一条的关键点就是要把“大百科全书”和“永乐大典”联系起来，我们可以这么联想：有了大百科全书，什么都知道就会永远快乐（永乐）。

第一部文选：《昭明文选》。联想第一部文选的内容就是教别人如何照明（昭明）的文选。

第一部字典：《说文解字》。既然是第一部“字”典，就是讲解汉字的大典，跟汉字有关的就是说文解字。

第一部神话集：《山海经》。山海经——有山、有海的地方都是有很多神仙的，由此想到——神话集。

举了这么多案例，相信各位读者掌握了此类信息的记忆方法，可以试着自己发挥，将中间漏掉的案例进行联想。

第4节 如何记忆文言文实词、虚词、借代词语

常见借代词语：

1. 桑梓：家乡 2. 桃李：学生 3. 社稷、轩辕：国家

4. 南冠：囚犯 5. 同窗：同学 6. 烽烟：战争 7. 巾帼：妇女

8. 丝竹：音乐 9. 须眉：男子 10. 婵娟、嫦娥：月亮

11. 手足：兄弟 12. 汗青：史册 13. 伉俪：夫妻

14. 白丁、布衣：百姓 15. 伛偻、黄发：老人 16. 桑麻：农事

17. 提携、垂髫：小孩 18. 三尺：法律 19. 膝下：父母

20. 华盖：运气 21. 函、简、笺、鸿雁、札：书信

中学文言文中有很多这种借代词语，而且绝大多数借代词语和所表示的意思之间没有任何联系，一旦两个信息之间没有逻辑关联，就会导致很难记忆。这种信息的记忆方法跟之前的形象词联想是一样的，将两个信息通过联想紧密地联系到一起。

比如，桑梓：家乡。桑即桑树，梓即梓树。联想我的家乡种了很多桑树和梓树。所以，看到桑梓很容易想到只有“家乡”才会种满这些树木。再比如，三尺：法律。我们可以说中国的法律有三尺那么厚，或者说犯了法律就要被尺打三下。又如，桃李：学生。联想小学生都爱吃桃子和李子。

上面这些还比较常见，意思比较好理解，有些很抽象、没有意义的是比较难记忆的。

比如，华盖：运气。这里我们就发现“华盖”这个词很抽象，不符合

现代汉语的构词法则，没有实际的意义，因此，我们需要运用转换思维将“华盖”转换成“滑盖”，可以想到滑盖手机。联想我运气很好，捡到了一个滑盖手机。

又如，南冠：囚犯。南冠可以联想成用南瓜做的帽子，联想古时候凡是囚犯都必须佩戴一顶南瓜做的帽子。还可以把“南”转化成“蓝”，蓝冠即蓝色的帽子，联想监狱规定囚犯都必须佩戴一顶蓝色的帽子。

第5节　如何记忆作者和对应的作品集

中学语文考试里常常要求我们记住一些名家作品，比如巴金的作品集、鲁迅的作品集、冰心的作品集。这类题目通常要求我们至少记住一大半作品集，考试中如果遇到这种题目还得快速地答出来，如果是想到一个答一个，就会花费很多不必要的时间。可是难点就在于每一部作品之间都没有任何联系，靠单纯的机械性记忆死记下来，很难在记忆中长久保存。

看下面的案例。

老舍作品集：

《骆驼祥子》《四世同堂》《二马》《猫城记》《微神》《火车集》

大家回忆一下先前讲过的串连法，记这种名家作品集就是用串连法将每一本作品串到一起，变成一句有逻辑的话。

联想：老舍牵着骆驼，一家四世同堂，骑着两匹马去散步，路上看到一座猫城，突然出现了一个微小的神仙，坐着火车走了。

鲁迅作品集：

《呐喊》《孔乙己》《阿Q正传》《故乡》《药》《狂人日记》《社戏》《祝福》

联想：鲁迅呐喊孔乙己带话给阿Q（阿Q正传），回故乡去买药给狂人（狂人日记）治病，病好以后去看社戏，给观众送去了祝福。

按照上面的方法，我们来试一下。

巴金作品集：

《复仇》《雾》《雨》《电椅》《抹布》《家》《长生塔》《灭亡》《猪与鸡》

第6节　数字定位法记忆长篇古诗词

记忆长篇的文字内容时，我们会发现通常记忆的难点在于文字内容每一句或者每一段之间的联系并不是很大，因此，经常会出现中间卡壳或者断篇的情况。

背诵长篇的文章时，要遵循一定的步骤：首先，拿到一篇文章或者文言文时，要先通读一遍，把一些生僻的文字或者注释理解清楚；然后确定要用什么方法（地点定位法、数字定位法）记忆；确定方法后接下来就是找出每句话里面的关键意思或者关键词，将这些关键信息记下来；记完后试着通过关键的信息去回忆原文，可能会有漏掉的地方，这时候就需要我们还原修正，把一些漏掉的修饰词语补充进去，如果可以把全文完整地回忆出来，整篇文章就基本上都记住了。

按照艾宾浩斯遗忘曲线的规律，我们要定时复习，通过几次不断的复习，可以保证把文章长久地保存在脑海中。下面总结一下记忆诗词文章的步骤。

（1）通读（字、理解、注释等）
（2）确定方法（记忆目的、结果、自身喜好等）
（3）记（出图、线索）
（4）忆（关键词、线索、回忆路径）
（5）还原修正（完整版）
（6）复习（定时）

下面我们分别来看看如何运用不同的方法记忆诗词文章，首先采用数字定位法记忆长篇古诗词。

前面学习过数字定位法，数字定位法的好处就是将一些条条款款、前后之间都没有联系的信息有序地记下来。

对于长篇的古诗词，其实往往最大的难点并不是记住哪一句古诗，而是每一句之间没有任何联系，由前一句想不起下一句；还有就是关于记忆储存的时间长短问题，短期内来看，用死记硬背的方式和用记忆法相比，用记忆法去记在时间上并不占优势，但是记忆法最大的好处就是记忆得比较牢固，可以保存很长的时间，而机械性的记忆记得快也忘得快。我们来看一看下面这个案例。

沁园春·雪

毛泽东

北国风光，千里冰封，万里雪飘。望长城内外，惟余莽莽；大河上下，顿失滔滔。山舞银蛇，原驰蜡象，欲与天公试比高。须晴日，看红装素裹，分外妖娆。江山如此多娇，引无数英雄竞折腰。惜秦皇汉武，略输文采；唐宗宋祖，稍逊风骚。一代天骄，成吉思汗，只识弯弓射大雕。俱往矣，数风流人物，还看今朝。

针对这种长篇古诗词，我们运用前面说过的记忆原则，化整为零，将一首长篇古诗进行分句划分，变成如下形式。

①北国风光，千里冰封，万里雪飘。

②望长城内外，惟余莽莽；大河上下，顿失滔滔。

③山舞银蛇，原驰蜡象，欲与天公试比高。

④须晴日，看红装素裹，分外妖娆。

⑤江山如此多娇，引无数英雄竞折腰。

⑥惜秦皇汉武，略输文采；唐宗宋祖，稍逊风骚。

⑦一代天骄，成吉思汗，只识弯弓射大雕。

⑧俱往矣，数风流人物，还看今朝。

再将每一句信息进行精简，提取关键词和关键意思，注意，着重强调提取关键意思，关键意思可以代表整句话的走向，可以帮助我们回忆出整句话。

很多记忆法的书籍可能只是说提取关键词即可，然后将关键词跟数字串连起来，大家可以试一试，这样做会有一些问题，就是回忆的时候只知道关键词，而关键词显得太过单薄、生硬，不够丰富，难以将整句话完整地记住。

第一句：北国风光，千里冰封，万里雪飘。可以想象北方冬天的风景一望千里都是冰封的，大地都在飘雪。1的编码是蜡烛，将编码跟意思联系在一起进行联想：正是因为北国风光，千里冰封，万里雪飘，天气很冷，所以我们点着蜡烛取暖。这里实际上也运用了逻辑联想，将蜡烛跟诗句的意思之间变成逻辑关系。

第二句：望长城内外，惟余莽莽；大河上下，顿失滔滔。2的编码是鸭子，这里为了方便记忆，需要对有些词进行改编。如：惟余莽莽，“余”变成“鱼”；“莽莽”变成“白茫茫”。联想一只鸭子站在长城上望着长城内外，都是茫茫一片的鱼，鸭子跳进大河里，顿时消失（顿失）在滔滔的江水里了。

第三句：山舞银蛇，原驰蜡象，欲与天公试比高。第三句的“三”和山同音，这个点可以作为一个记忆点，当作一个回忆的线索。联想耳朵听到山上有一条跳舞的银蛇，它是一个蜡像，想跟天公试着比一比谁更高。

第四句：须晴日，看红装素裹，分外妖娆。4的编码是帆船或者红旗，这里用帆船比较好，联想必须到了天晴的日子，大家伙才划着帆船玩，帆船有红的绿的，分外妖娆。

第五句：江山如此多娇，引无数英雄竞折腰。5的编码是秤钩，这句的意思是江山如此娇媚，令古往今来无数的英雄豪杰为此倾倒。将编码和意思联系到一起进行联想：江山如此娇媚，引来无数的英雄拿着秤钩竞争，因此弄折了腰。

第六句：惜秦皇汉武，略输文采；唐宗宋祖，稍逊风骚。6的编码是勺子，联想只可惜像秦始皇汉武帝这样勇武的帝王，却略差文学才华；唐太宗宋太祖，拿勺子炒菜的厨艺水平稍逊一些。

第七句：一代天骄，成吉思汗，只识弯弓射大雕。7的编码这里可以想成弯刀，联想到草原蒙古人腰里都是佩戴一把弯刀的，进而可以将编码跟这一句的意思联系到一起联想：佩戴着弯刀的一代天骄成吉思汗，只会弯弓射大雕。

第八句：俱往矣，数风流人物，还看今朝。8的编码是眼镜，有些时候诗文本身的意思或许比较深奥，为了记忆的方便，我们可以浅显地去理解它们的字面意思，这一句可以这么联想：回首往事，戴着眼镜数一数有多少风流人物，还是得看看今朝。

每一句和编码联系完毕后，再回过头将原文反复读几遍，把一些修饰的词语、漏掉的词语等还原进去，然后按照复习规律时常复习几遍，就可以达到长时记忆的效果。

第7节　用地点定位法记忆长篇古诗词

和数字定位法比较类似的就是地点定位法，同样可以用来记忆大量的信息，除了数字记忆和扑克牌记忆必须用地点定位法外，大量的文字信息记忆也可以用到地点定位法，尤其是整本书这种大量的信息，而且要求我们有序地排列好，要做到随机提取。

《最强大脑》上的挑战项目信息量都是海量的，而选手们之所以可以做到随机提取任意一个信息，就是因为用到了地点定位法，把那些信息一个一个按顺序放在对应的地点上，就像书架一样，有规律、有顺序。

和数字定位法记忆古诗词相比较，地点定位法记忆古诗词其实就是换了一个载体或者介质，联想的内容几乎是一样的。比如用下面一组地点来记忆另外一篇经典的文章——梁启超的《少年中国说》。我们选取其中的一段来举例。

少年中国说

梁启超

故今日之责任，不在他人，而全在我少年。

少年智则国智，少年富则国富，少年强则国强，少年独立则国独立，少年自由则国自由，少年进步则国进步。

少年胜于欧洲，则国胜于欧洲，少年雄于地球，则国雄于地球。

红日初升，其道大光；河出伏流，一泻汪洋。

潜龙腾渊，鳞爪飞扬；乳虎啸谷，百兽震惶；

鹰隼试翼，风尘吸张。奇花初胎，矞矞皇皇；

干将发硎，有作其芒。天戴其苍，地履其黄。

纵有千古，横有八荒。前途似海，来日方长。

美哉我少年中国，与天不老；壮哉我中国少年，与国无疆。

我们先将文章熟读一遍，然后根据合理的长短来分句。

少年中国说

梁启超

①故今日之责任，不在他人，而全在我少年。

②少年智则国智，少年富则国富，少年强则国强，少年独立则国独立，少年自由则国自由，少年进步则国进步。

③少年胜于欧洲，则国胜于欧洲，少年雄于地球，则国雄于地球。

④红日初升，其道大光；⑤河出伏流，一泻汪洋。

⑥潜龙腾渊，鳞爪飞扬；⑦乳虎啸谷，百兽震惶；

⑧鹰隼试翼，风尘吸张。⑨奇花初胎，矞矞皇皇；

⑩干将发硎，有作其芒。⑪天戴其苍，地履其黄。

⑫纵有千古，横有八荒。⑬前途似海，来日方长。

⑭美哉我少年中国，与天不老；⑮壮哉我中国少年，与国无疆。

整篇文章分成15句，用图中的15个地点一一对应。

第一句：故今日之责任，不在他人，而全在我少年。这句话我们可以简单地从字面意思上去理解：因此今天这种状况的责任，不在他人，全都怪这个少年。跟第一个地点音响联系在一起进行联想：今天这个音响之所以被弄坏，责任不在他人，全在这个淘气的少年。

第二句：少年智则国智，少年富则国富，少年强则国强，少年独立则国独立，少年自由则国自由，少年进步则国进步。这句话虽然很长，但是我们要善于分析。仔细观察会发现，虽然语句很长，其实都是类似的形式，无非就是关键词不一样，提取每一句的关键词就是：智、富、强、独立、自由、进步。这样一来就相当于我们只需要记住这几个词语就记住整句话了。

把需要记住的一句很长的话变成了只需要记住几个词语，这个就很简单了，用前面我们学习过的串连法即可。跟第二个地点桌子对应，我们可以这么联想：少年很有智慧，制作出的桌子质量很好，销量好，因此就富裕了，富裕了自然就变得强大了，强大了当然就可以独立，独立了没人管自己当然就自由，所有人都可以获得自由，这是社会的一种进步。

第三句：少年胜于欧洲，则国胜于欧洲，少年雄于地球，则国雄于地球。对应第三个地点电视机联想：少年生产的电视机的质量胜过欧洲，则我们中国胜过欧洲，少年生产的电视机品牌能够雄于地球，则中国可以雄于地球不倒。

第四句：红日初升，其道大光。对应第四个地点联想：墙上那个木头的装饰物上面升起了一轮红日，发出了一道很强大的光芒，照亮了整个屋子。

第五句：河出伏流，一泻汪洋。对应第五个地点窗户联想：从窗户外面流进来了一条河流，一泻千里淹没了整个房间。

第六句：潜龙腾渊，鳞爪飞扬；对应第六个地点台灯联想：台灯里面飞出一条潜龙，飞腾到了深渊里，龙身上的鳞和爪子在房间里到处飞扬。

第七句：乳虎啸谷，百兽震惶；跟第七个地点壁画对应联想：壁画上有一只还在吃母乳的小老虎跑出来，跑到山谷里咆哮，百兽都被震惊了，很惶恐。

讲到这里，相信大家对于地点定位法记忆长篇古诗词有了一定的了解了吧。记忆长篇文章或者文言文也是一样的，将文章先分段分句，然后每一句话跟对应的地点联系起来进行联想，这样就可以通过地点回忆出文章的大概意思，进而回忆全文。

第8节　用图像记忆法记忆古诗词

图像记忆法顾名思义就是将需要记忆的信息转化成图像。众所周知，人对图像的感知能力比对文字和数字都要强，就像我们很久之前看过的电影，可能不一定记得每一句台词，但是对其中的很多画面却历历在目。

因此，我们就可以利用大脑的这一特性，把信息变成图像来帮助我们达到记忆深刻的目的。当然，并不是所有的信息都适合用图像记忆法去记，只有那些写景，能够让人想象出画面的文章信息才适合转换成图像来记。下面以一首写景的诗词作为案例给大家分析一下如何用图像记忆法记忆古诗词。

书湖阴先生壁

（宋）王安石

茅檐长扫净无苔，花木成畦手自栽。

一水护田将绿绕，两山排闼送青来。

看这首古诗四句话的意思，我们会发现每一句话都描述了一种景象，因此，我们可以用铅笔画一些简笔画来表达这种景象。看下面的插图。

我们按照每一句话所描述的景象对应地将诗句放在该景物上，记忆完毕后，我们再来试着看图回忆原文。

怎么样？是不是有一种耳目一新的感觉，居然神奇地一遍就记住了这一首古诗，看到图的时候是不是马上能够想起所对应的诗句来？

第9节 联想串连法记忆古诗词

有些写景的故事，我们大家都知道根据景物图像来记忆；而对于有些不是写景的古诗词，图像记忆不太适合，如果是长篇幅的古诗词可以用数字定位法和地点定位法，而篇幅短小的则适合用联想串连法来记忆。

联想串连法是从篇幅短小的诗词中的每一句话提取关键词或者关键意思，然后将这些关键词或者关键意思通过联想串连在一起，听起来是不是很熟悉的感觉？的确，其实就是最开始我们说到的记忆词语的方法，这里等于是把一个长一点的故事浓缩成短小词语，记住这些词语就记住了整首诗词的大概，然后将一些漏掉的信息补充进去，进而达到记住全文的目的。

如下文：

凉州词

（唐）王翰

葡萄美酒夜光杯，→葡萄酒，杯子

欲饮琵琶马上催。→琵琶，马

醉卧沙场君莫笑，→沙场

古来征战几人回。→征战

每一句都提取出了几个关键词，接下来就是将这些关键词串连在一起，联想成一个形象易记的故事。联想战士们把葡萄酒倒进杯子里，一饮而尽，然后听着琵琶曲，骑上战马去沙场征战。

通过上面这个小故事，是不是很轻松就记住了这些关键词呢？再回过头来看看原文，把一些修饰词等漏掉的信息加进去，将原文通读两遍，基本上整首诗词记下来就没有多大的问题了。

再次强调，所有的方法都需要训练，多找些类似的古诗词训练，达到术在心中的境界。

第10节　现代文的记忆方法

曲曲折折的荷塘上面，弥望的是田田的叶子。叶子出水很高，像亭亭的舞女的裙。层层的叶子中间，零星地点缀着些白花，有袅娜地开着的，有羞涩地打着朵儿的；正如一粒粒的明珠，又如碧天里的星星，又如刚出浴的美人。微风过处，送来缕缕清香，仿佛远处高楼上渺茫的歌声似的。

这段话选自朱自清的《荷塘月色》，如何快速地背下这段文字呢？读中学那会儿，大家是不是经常因为背课文而头大呢？早上抱着书本读了好久，等到背诵时还是会经常出现背着背着卡住的情况，大家是否想过造成这种现象的原因呢？

因为每一句话、段落之间的联系并不是很紧密，因此造成了记忆短路的情况。下面给大家详解如何运用记忆法克服这种记忆难题。

背诵步骤：

首先，把课文通读一遍，把关键词找出来：

荷塘　叶子　裙　白花　明珠　星星　美人　清香　歌声

接着，我们将关键词串连起来，例如荷塘上冒出许多叶子，把叶子裁成裙子，裙子上绣着白花，白花射出很多明珠，明珠射到猩猩（星星）身上，跑出了美人，在擦香水，还在唱歌。

然后，把细节的地方，比如一些形容性的词语加进去（如田田的叶子），紧接着就是还原信息。

最后，把文章重新朗读一遍。

接下来，可以把书合上，试着回忆原文，看看能够回忆出多少。如果可以回忆出百分之八九十，表示你的记忆效果很不错了，不要指望用记忆法可以百分之百一字不漏地记住全文，这是不现实的，记忆法也不是万能的，它只是可以帮助我们记住绝大部分信息，要想保持长久而完整的记忆，还是得靠经常复习才可以。

第4章

历史学科知识高效记忆方法

第1节 历史大事年代表记忆法

在中学历史学科中，最难记忆的莫过于历史年代和简答题、问答题之类的知识。历史年代因为带有数字和文字的信息，相信很多读者都对此很头疼。

这类信息之所以难以记忆，原因在于年代数字和事件之间没有任何联系，因此经常出现的一种状况是，听到别人提起某个很熟悉的事件时，我们脑海中有印象，但记不起具体是哪一年。

知道了记忆的难点，那我们在记忆的时候就要想办法将事件本身和年代联系起来，这样就把两个没有关联的信息给串起来了。

记忆历史年代有两种方法，一种是谐音法。有的历史年代前面的数字信息很巧合，正好可以转换成熟悉的谐音，对于这种内容就比较适合采用谐音法。举几个熟悉的例子。

印度民族起义——1857年

“18”谐音“一把”，“57”谐音“武器”

联想：印度人民要起义，当然得需要一把武器才行。

英国人史蒂芬孙发明了蒸汽机车——1814年

“18”可以想到谐音“一把”，“14”谐音成“钥匙”

联想：史蒂芬孙发明了蒸汽机车，当然得需要一把钥匙来开车了。

事实上能够用谐音法来记忆的历史年代只是少部分，绝大部分的历史年代是无法谐音的，这时候就需要用到一种万能的方法——编码法。就是将数字年代变成相对应的数字编码，然后与事件联系在一起，这样就可以把毫不相干的年代数字和事件紧密联系在一起了。

编码记忆法在记忆与数字有关的信息时是很常用的一种方法，尤其是针对历史事件表，是最有效的一种方法。我们一起来看看编码法是如何运用的。

1911年　黄花岗起义

1908年　孟买工人大罢工

1840年　第一次鸦片战争

1898年　戊戌变法

1901年　《辛丑条约》签订

1839年　林则徐在广州禁烟

将所有历史课本学完，需要记忆的古今中外历史年代表有数千个，现在就简单地拿上面的几个历史年代来举例，请问有谁可以一遍就记住的？如果不能，那么亲爱的读者，请你测试一下，要记牢这几个历史年代你需要多长时间，记完后过三四小时再来考考自己，看看还记得多少。然后对比一下，用我们接下来的方法来记又需要多长时间，过三四小时再来考察一次，看看还记得多少。

1911年　黄花岗起义

19衣钩　11筷子

脑海中出图：人们拿着衣钩当武器去参加起义，肚子饿了就用筷子夹起黄花来吃。

1908年　孟买工人大罢工

19衣钩　08溜冰鞋

脑海中出图：工人拿着衣钩穿着溜冰鞋去参加罢工，穿溜冰鞋是方便可以随时逃跑。

1840年　第一次鸦片战争

18腰包　40司令

脑海中出图：司令的腰包里装着很多鸦片。

1898年　戊戌变法

18腰包　98球拍

脑海中出图：戊戌变法的内容就是禁止人们背着腰包拿着球拍去打球。

1901年　《辛丑条约》签订

19衣钩　01花盆

脑海中出图：我用衣钩勾起辛丑条约扔进花盆里。

1839年　林则徐在虎门销烟

18腰包　39山丘

脑海中出图：林则徐把烟都装进腰包里，扔在山丘上全部烧毁了。

相信方法大家都掌握了吧。用这种方法尝试着将其他一些常考的重大历史年代给记下来。每天训练1小时，坚持1个星期，可以达到5分钟轻松记忆40个此类历史年代的水平。

第2节　其他历史事件表记忆方法

历史事件的年代由阿拉伯数字排列而成，简单枯燥，不易记住。中学历史老师如能在教学中巧妙地借用某些数学知识，就能收到事半功倍的效果。

数轴记忆法

即规定以公元零年为原点，以公元前为负、公元后为正，建立数轴。例如，我国奴隶制崩溃于春秋战国之交，即公元前476年，而西欧奴隶制度的崩溃则是以公元476年西罗马帝国的灭亡为标志。如果将两个年代在数轴上予以注明，就很容易记住我国由奴隶社会进入封建社会早于西欧近1000年。

时差记忆法

如唐末农民起义是874年开始的，起义持续10年，就可推知这次起义是在884年黄巢牺牲后失败的。英国资产阶级革命发生在1640年，整整200年后英国才发动侵华鸦片战争，故知鸦片战争是在1840年发生的。再如金建立于1115年，10年后灭辽，故知金灭辽是在1125年。

推算记忆法

（1）逐年推算：1838年虎门销烟，1840年鸦片战争，1841年三元里人民抗英，1842年《中英南京条约》签订。

（2）等距推算：按每隔10年或100年一件大事去推算。例如，1901年《辛丑条约》签订，1911年辛亥革命爆发，1921年中国共产党成立，1931年九一八事变爆发，1941年皖南事变爆发。

（3）起讫推算：历史事件总有起讫两个年代，记住其中一个年代及其距离的年间，就能推算下一个年代。例如，美国独立战争持续8年，记住始于1775年，就可推算出其结束于1783年。

社会发展有一定规律，历史年代的记忆也应循其规律。关于历史年代的记忆方法很多，数字记忆法仅为其中的一种。倘认真发掘，一定还能找到诸如理解记忆、归纳记忆和编年记忆等其他许多事半功倍的记忆方法。

下面是古今中外一些重要的大事年代表，读者可以尝试着运用我们所学的方法记忆一下。

外国古今大事年代表

1847—1852年　共产主义者同盟

1848—1849年　欧洲革命

1848年2月　法国二次革命

1848年6月　法国巴黎工人六月起义

1853—1856年　俄英法克里木战争

1857—1859年　印度民族起义

1858年　中俄《瑷珲条约》签订，沙俄占领我国领土60多万平方公里

1860年　中俄《北京条约》签订，沙俄又强占我40多万平方公里领土

1861年　俄国农奴制改革

1861—1865年　美国内战

19世纪60—80年代　沙俄侵占我国西北地区40万平方公里领土

1864年9月28日　第一国际成立

1866年　第一国际日内瓦大会，反对蒲鲁东主义的斗争

1867年　《资本论》第一卷出版

1868年　日本明治维新开始

1869年　第一国际巴塞尔大会，反对巴枯宁主义的斗争开始

1870—1871年　普法战争

1871年3月18日—5月28日　巴黎公社

1876年　第一国际宣布解散

1881—1899　苏丹马赫迪反英大起义

1882年　德、奥、意三国同盟形成

1883年3月14日　马克思逝世

1886年5月1日　美国工人举行争取11小时工作日的总罢工

1889年　第二国际建立

1892年　俄法签订军事协定

1894年　朝鲜甲午农民战争

1895—1896年　埃塞俄比亚抗意卫国战争

1903年　俄国社会民主党第二次代表大会，布尔什维克党形成

1905年　俄国爆发资产阶级民主革命

1905—1908年　印度民族解放运动

1907年　英法俄协约最后形成

1910—1917年　墨西哥资产阶级革命

1914—1918年　第一次世界大战

1917年11月7日（俄历10月25日）　十月革命胜利

1918—1920年　苏俄粉碎外国武装干涉和国内反革命叛乱

1918年11月　德国十一月革命爆发

1919年1月　德国柏林起义

1919—1922年　土耳其基马尔资产阶级革命

1919年3月1日　朝鲜“三·一”人民起义

1919年3月　埃及人民武装起义

1919年3—8月　匈牙利苏维埃共和国时期

1919年3月　共产国际成立

1919年1—6月　巴黎和会

1921年　苏共第十次代表大会通过过渡到新经济政策的决议

1921年11月—1922年2月　帝国主义争夺远东和太平洋地区的华盛顿会议

1922年10月　意大利墨索里尼上台

1923年10月　土耳其共和国成立

1929—1933年　资本主义世界经济危机

1931年9月18日　日本开始侵略中国东北地区

1932年4月　朝鲜抗日游击队诞生

1933年1月　德国希特勒上台

1933年3月　罗斯福就任总统，实行“新政”

1936年7月—1939年3月　西班牙反法西斯的民族革命战争

1938年9月　英法德意宰割捷克斯洛伐克的慕尼黑会议

1939年9月3日　第二次世界大战全面爆发

1940年　法国投降

1940年9月　德意日三国同盟条约签订

1941年6月22日　苏联卫国战争开始

1942年7月—1943年2月　苏联斯大林格勒保卫战

1943年12月1日　中美英发表“开罗宣言”

1943年11—12月　苏英美德黑兰会议

1944年6月6日　诺曼底登陆，欧洲第二战场开辟

1945年2月　苏英美雅尔塔会议

1945年5月8日　德国签订无条件投降书

1945年7—8月　苏美英举行波茨坦会议

1945年9月2日　日本签订无条件投降书

中国古今大事年代表

1636年　后金改国号为清

1644年　李自成建立大顺政权，农民军攻占北京，明亡

1662年　郑成功收复台湾

1673年　三藩叛乱开始

1684年　清朝设置台湾府

1689年　中俄签订《尼布楚条约》

1771年　土尔扈特部重返祖国

1839年　林则徐虎门销烟

1840—1842年　鸦片战争

1842年　中英《南京条约》签订

19世纪四五十年代　中国无产阶级产生

1851年　金田起义、太平天国建立

1856—1860年　第二次鸦片战争

1858年　《瑷珲条约》《天津条约》签订

19世纪六七十年代　中国民族资产阶级产生

1860年　《北京条约》签订

19世纪60—90年代　洋务运动

1864年　天京陷落、太平天国运动失败

1883—1885年　中法战争

1894—1895年　甲午中日战争

1895年　中日《马关条约》签订

19世纪90年代　帝国主义在中国强占“租借地”划分“势力范围”

1898年　戊戌变法

1900年　义和团运动高潮，八国联军侵略中国

1901年　《辛丑条约》签订

1905年　中国同盟会成立

1911年　黄花岗起义

1912年　中华民国建立

1913年　二次革命

1915年　新文化运动、护国运动开始

1916年　袁世凯恢复帝制失败

1919年　五四运动爆发

1921年　中国共产党成立

1923年　京汉铁路工人大罢工

1925年　五卅惨案、五卅反帝运动爆发

1926年　国民革命军出师北伐

1927年　南京国民政府建立，南昌起义

1928年　井冈山会师

1931年　九一八事变

1934年　红军长征开始

1936年　西安事变

1937年　卢沟桥事变，日军南京大屠杀

1940年　百团大战

1941年　皖南事变

1947年　发动“反饥饿、反内战、反迫害”的爱国运动

1949年　中华人民共和国成立

1950年　中国人民志愿军赴朝作战

1951年　西藏和平解放

1952年　彻底废除封建剥削制度

1953年　第一个五年计划开始

1954年　中华人民共和国宪法诞生

1966年　“文化大革命”开始

1976年　四五运动，“文化大革命”结束

1978年　改革开放

1992年　邓小平讲话，加快改革开放

1997年　香港回归

1999年　澳门回归

第3节　各种小知识点的记忆技巧

中学历史学科里面除了历史年代、问答题，还有些类似百科知识竞赛

里面那种简短的小知识点，这些知识点不太需要理解，全凭记忆，也是常常会考到的。看看下面的案例。

1. 北京人学会了使用天然火，山顶洞人最早学会了钻木取火。

联想：现在的北京人用天然气生火做饭；古时候人们居住在山顶的洞里面钻木头取火。

2. 夏朝开始使用铜器，春秋时期开始出现了铁器。

联想：夏天天气很热，人们都会用铜锅煮饭；春天和秋天就用铁锅煮饭。

3. 分封制使西周贵族集团形成了周王—诸侯—大夫—士的等级序列。

联想：后面的等级制度根据内在逻辑关系很好记忆，王以下是诸侯，然后是卿大夫，最后是士兵，基本符合官阶的大小，可以联想把稀粥分给大家吃要按照官阶的大小来分。

4. 中国古代第一个国家政权是夏朝。

联想：我国古代第一个国家是在夏天很热的时候建立的。

5.《左氏春秋传》《春秋公羊传》《春秋谷梁传》，合称“春秋三传”。

联想：一个姓左（左氏春秋传）的人把稻谷和高粱（春秋谷梁传）拿去喂一只公羊（春秋公羊传）。

6. 我国首次制定赎刑是在夏朝。

联想：我国规定在夏（夏朝）天可以赎（赎刑）罪。

7. 西汉时期发明了纸。

联想：纸的功能是用来吸汗（西汉）的。

第4节　问答题、简答题的记忆技巧

历史学科考试中简答题占的分值比较大，而且内容繁多，的确很难记忆。有些简答题靠理解，可是理解的基础之上仍然需要我们去记忆。

以前背过简答题的读者都知道，这类题型最大的痛点就在于背着背着可能突然会想不起下一条的内容。跟其他很多知识点一样，原因在于每一条信息点之间没有关联，我们是通过死记硬背强行记下来的。下面就分享一种高效记忆问答题的方法。

中英《南京条约》的主要内容是：

1. 宣布结束战争。两国关系由战争状态进入和平状态。

2. 清朝政府开放广州、厦门、福州、宁波、上海等五处为通商口岸。

3. 清政府向英国赔款2100万银元。

4. 割香港岛、澎湖列岛给英国。

5. 废除清政府原有的公行自主贸易制度，准许英商与华商自由贸易。

6. 英商进出口货物缴纳的税款，中国需与英国商定。

7. 以口头协议决定中英民间“诉讼之事”“英商归英国自理”。

看到这个题目，各位读者想一想，这类信息跟我们前面讲过的什么类型的信息很类似呢？如果可以想到，那么我们就可以用前面同类型的方法去记忆。

这个问答题的类型跟我们前面讲过的三十六计是同一个类型的知识。同样都是很多条，每一条也是有序号的，因此我们可以用数字定位法来记忆，即把每一条的内容跟前面的数字编码联系起来，这样当看到数字编码时可以帮助我们回忆出原文的内容。

比如第一条，“1”的编码是蜡烛，内容是：宣布结束战争。两国关系由战争状态进入和平状态。我们可以联想：人们点着蜡烛祈祷和平，战争就结束了，进入和平状态。因为生活中我们经常看到人们是点着蜡烛祈祷和平的，因此由“蜡烛”这个信息点联想到第一条的内容，大意就是说宣布战争结束了，进入和平状态。

第二条，“2”的编码是鸭子，内容是清朝政府开放广州、厦门、福州、宁波、上海等五处为通商口岸。我们可以这样联想：清政府开放这五处作为通商口岸来贩卖鸭子。由鸭子联想到第二条的主要意思是说开放上述五处作为通商口岸。

第三条，“3”的编码是耳朵，内容是清政府向英国赔款2100万银元。我们可以联想你跟别人打架把别人的耳朵打伤了，所以要赔偿别人2100万银元。

第四条，“4”的编码是红旗，内容是割香港岛、澎湖列岛给英国。我们可以联想割让了香港岛和澎湖列岛给英国，所以插上英国国旗。

看到这里，相信各位读者对于记忆这类问答题的方法应该有所了解了吧，关键点就在于把前面的数字编码跟后面对应的主要内容和主要意思巧妙地联系起来，使之互为线索，就可以轻而易举地想起每一条对应的内容来。剩下的三条可以自己尝试着去联想一下，检验一下掌握的情况。

对于有些内容比较简短的简答题，我们还可以采用标题定位的方法。所谓标题定位，就是用题目的问题作为定位系统，根据答案的数量，从题目里对应找出几个关键词来作为定位系统。所提取出的关键词必须要能够表达题目的主要意思，不然会导致我们只记住了答案而不知道题目。提取了关键词后，用来记忆下面的内容。我们一起来看看下面的例子。

说一说王安石变法的主要内容是什么。

1. 青苗法　2. 农田水利法　3. 募役法　4. 方田均税法　5. 均输法

像这类题目，我们当然可以用前面学到的数字定位法去记，不过由于这类题目内容不算太多，因此用标题定位法会更简洁一些。

此题答案只有五条，因此我们要从问题中提取出五个关键的信息作为定位系统。最简洁的提取方式是：王安石变法。

然后用题目的每个字分别对应一条内容。王跟青苗法该如何联系起来呢？我们可以说大王在田地里种青苗。安和农田水利法，我们可以想象在农田里面安装水利工程。石和募役法，我们可以想象政府募役了一批人去搬石头；变和方田均税法，我们可以想象把农田变成了方的，很平均；法和均输法，由法字我们可以联想到电脑打字叫作输入法。再回过头来看看这个案例的题目，是不是发现答案马上就浮现出来了呢？这就是标题定位的魅力所在，即答案就在题目中。

中学文科里的历史、政治有很多不同点，但也有很多的相同点，比如都有很多的问答题需要记忆。我自己在读高中时是一名理科生，那时候也偶尔看过文科班的试卷，其实文科班的政治、历史并不全是记忆，很多题目是考验人的理解能力，如果对于题目无法理解，就会完全无法下笔。而理解的基础之上也会同时考我们的知识储备能力，这时候记忆就派上用场了。政治里需要记忆的可能就是简单题或者问答题之类的题目了。

我们一直在说记忆法真正实用的方法其实并不多，因为记忆法更像是一种思维方式，真正用途最大、使用率最高的也就那么几种方法。看到有的书上写了五花八门的很多方法，比如身体定位法、万事万物定位法等，仔细想想会发现，其实这些方法并不太实用。

比如身体定位法，如果是某个特殊的场合，你需要临时记忆一些信息而且不需要长久保存，比如记忆10辆汽车的车牌号，这个时候是可以用身体定位法的。但如果是书本上的问答题就不同了，这是需要我们长久记忆的，如果只记这一个问答题也还是可以的，但如果再用同样的身体部位去记忆另外一个问答题，就很有可能会出现混淆和张冠李戴的情况。

再比如万事万物定位法，有的记忆法书上会说随便找一辆汽车，然后在汽车上找一些部位作为定位系统来记忆一个问答题。表面上看书本上的例子挺有道理，但其实是不科学的。因为这只适合用来记忆一些需要我们临时记忆而不需要长久保存的信息，如果用来记忆问答题，我们还得额外记住这个问答题是用汽车来作为定位系统的，这其实是增加了我们的记忆负担。假如时间久远，就会淹没在信息的大海中。

政治问答题的记忆方法跟历史问答题的记忆方法是一模一样的，都是属于同类信息，包括其他的学科，比如会计师、建造师、司法考试这些科目里也有很多类似的问答题，方法都是一样的，这里就不进行赘述了。

第5章

地理生物学科知识高效记忆

第1节　逻辑串连法记忆世界之最

1. 世界上面积最大的平原是亚马孙平原

这一条信息的关键点有两个地方：面积最大的平原，不是高度最高的平原，也不是面积最大的高原，而是面积最大的平原；亚马孙平原。因此，我们可以联想出一个逻辑故事将这两个关键点给联系起来：亚洲的马（亚马）都喜欢去面积最大的平原吃草。

2. 世界上海拔最高的大洲是南极洲，海拔最低的大洲是欧洲

联想：因为海拔最高，所以很难（南）到达，所以海拔最高的是南极洲；“欧”跟“凹”发音类似，联想成海拔最低，所以当然是凹进去的。

3. 世界上面积最大的大洋是太平洋，面积最小的大洋是北冰洋

联想：想到一句歇后语，太平洋的警察——管得宽。由此可以知道太平洋是面积最大的；面积最小的大洋，由于面积太小了只能装北方的冰块。

4. 世界上最长的山脉是安第斯山脉

联想：正是因为世界上最长的山脉太长了，所以我得安排一辆的士

（安第斯）带我走。

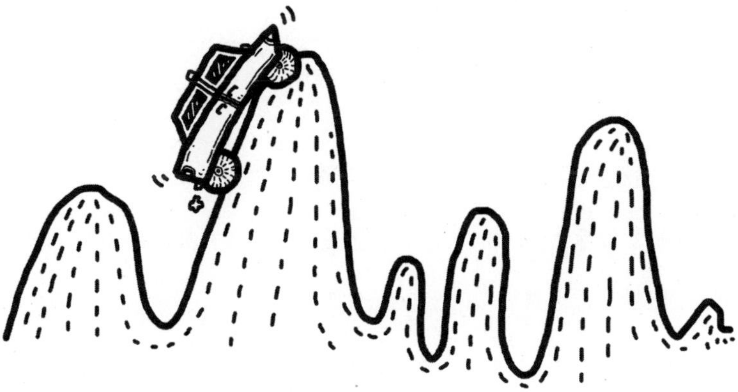

5. 世界上最大的山脉是喜马拉雅山脉

联想：在最大的山脉上给马洗澡（喜马）。

6. 世界是最大的群岛国家是印度尼西亚

联想：印度尼西亚简称“印尼”（英里），世界最大的群岛有一英里那么大。

7. 世界上天然橡胶、油棕、椰子、焦麻等热带经济作物的最大产地是东南亚

联想：东南方气候较好，所以盛产热带经济作物。

8. 世界上面积最大的大洲是亚洲，面积最小的大洲是大洋洲

联想：我们所在的洲是最大的，最小的洲面积小到只有一个民国时期的大洋那么大一点。

9. 世界上最大的原料进口国是日本，世界最大的佛教国家是泰国

联想：想象一下日本是一个岛国，在水中间物资匮乏，因此原料都需要从其他地方进口；老太太（泰）都喜欢信奉佛教。

10. 世界上面积最大的高原是巴西高原

联想：想象高原都是草坪，很适合踢足球，巴西是世界足球大国，因此正是世界上最大的高原才诞生了巴西强大的足球。

11. 世界上最大的湖泊是里海

联想：既然是世界上最大的湖泊，那肯定很厉害（里海的谐音）了。

12. 世界上出口牛肉最多的国家是阿根廷

联想：由阿根廷很容易想到足球巨星梅西，可以想象梅西就是因为牛肉吃得多所以身体强壮灵活，足球踢得好，由此联想到阿根廷是世界出口牛肉最多的国家。

13. 世界上最长的内流河是伏尔加河

联想：由伏尔加想到伏特加，一种很烈的酒，喝了这种烈性酒泪流（内流）满面。

第2节　编码法记忆地理生物数据类信息

1. 赤道周长是4万千米

记忆方式：赤道太热了，赤道上生活的人都死完（四万）了。

2. 地球上海洋面积占71%，陆地面积占29%

记忆方式：古时候凡是造反起义（“71”的谐音）的人全部被扔进大海里淹死；我二舅（29的谐音）是人类，生活在陆地上。

3. 地球上的水资源总量中，海水占96%

记忆方式：远古时期，人们用旧炉（“96”的谐音）和海水煮食物吃。

4. 世界最长的河流尼罗河6600千米

记忆方式：世界最长的河流里面有很多泥（尼罗）土，里面有很多很多的小蝌蚪（“66”）。

5. 黄河的长度 5464 千米

记忆方式：黄河泛滥成灾，虎死牛死（5464）。

6. 长江的长度是6300千米

记忆方式：长江水里面有很多的流沙（63）和石头（00）。

7. 地球表面积：5.1亿平方千米

记忆方式：由5.1联想到五一劳动节，进而想到工人；地球表面的绿化都是靠勤劳的工人在五一劳动节创造出来的。

第3节　高效记忆各类常识

1. 地壳中元素的分布与含量（如下图所示）

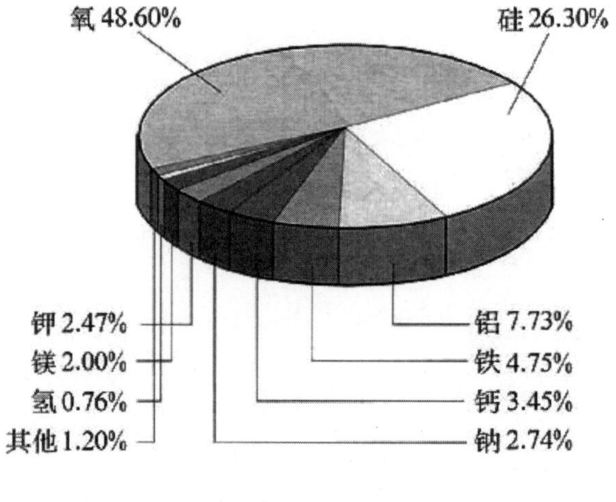

对于含量高低顺序来说，识记起来比较麻烦，每个元素之间也没有任何联系，因此我们可以运用前面讲到的方法技巧，用谐音的方法把每个元素对应的汉字进行变音变调转换成另外一个字，使它们刚好可以组合成一句有意义的话。

采用谐音编成这样的小故事，养（氧）闺（硅）女（铝），贴（铁）给（钙）那（钠）家（钾）美（镁）青（氢），由此记忆地壳中元素的含量高低顺序，将会是事半功倍。并且，这个顺序是比较重要，也是比较关键的，特别是其中的氧、硅、铝、铁、钙的含量是常考知识点，一定要熟练地记住它们。

2. 八大行星按照离太阳的距离从近到远，依次为水星、金星、地球、火星、木星、土星、天王星、海王星

对于它们的距离远近顺序，识记起来还是比较麻烦的，尤其是这个顺序比较重要，也很关键，此题记忆过程详解如下。

水、金、地、火、木、土、天、海

水和金在一起，我们可以谐音成水晶，因此金字就变成了类似的同音字“晶”，或者是“金”字想成“浸泡”的“浸”；天王星和海王星，“天”和“海”两个字组合在一起时，我们可以把“天”字进行变调转换成“填”这个字，即填海的意思；那我们就可以采用谐音和逻辑编成这样的小故事：水（水星）晶（金星）做的地（地球）球起火（火星）了，把木（木星）头都烧成了土（土星）后，可以用来填（天王星）海（海王星）。

还可以用另外一种联想方法：水（水星）浸（金星）地（地球）球，

火（火星）烧木（木星）成土（土星）填（天王星）海（海王星）。水浸泡着地球，于是用火来烤，结果火把木头烧成了土，可以用来填海。

3. 人体中的微量元素有：铁、锰、硼、锌、钼、铜（Fe、Mn、B、Zn、Mo、Cu）等

谐音联想记忆：铁猛碰新木桶。

4. 人体中的大量元素有：碳、氢、氧、氮、磷、硫、钙、钾、镁（C、H、O、N、P、S、Ca、K、Mg）

P想象成People，即人，把上述元素重新排序：氧、磷、硫、氮、碳、氢、钙、镁、钾（O、P、S、N、C、H、Ca、Mg、K）。

联想记忆：洋人留蛋探亲，盖美家（洋人留着鸡蛋去探亲，然后盖了一个很美的房子做家）。

5. 人体必需的八种氨基酸：甲硫氨酸、缬氨酸、赖氨酸、异亮氨酸、苯丙氨酸、亮氨酸、色氨酸、苏氨酸

用字头歌诀法，提取每个信息的首字：甲缬赖异苯亮色苏。

采用谐音编成这样的小故事：①甲携来一两本亮色书。②假设来借一两本书。

6. 植物矿质元素中的微量元素：钼、氯、硼、镍、锌、铁、铜、锰（Mo、Cl、B、Ni、Zn、Fe、Cu、Mn）

采用谐音编成故事：木驴碰裂新铁桶，猛！

第6章

会计科目记忆类知识点实战案例

很多大学专业里都有会计课，市面上也有很多的会计培训机构。考过会计的同学都说书本里需要记忆的知识点很多。也有学会计的同学对我说，假如你们记忆大师去考会计，肯定百分百过。每次听到别人这么说，我都会说并不是这样的。

会这样说的读者是因为对记忆法不了解，导致盲目崇拜，认为记忆法可以解决一切问题。事实上，会计学考试中，靠理解的还是占大部分，这些都是记忆法无法解决的。有些知识点也涉及记忆，可是也离不开理解的基础。

记忆法只是工具，并不能解决全部的问题，只有那种完全不需要理解，纯粹处于记忆层面的知识点，记忆法才能派上用场。我看了一些会计学的书，搜集整理了一些纯粹需要记忆的知识点，然后尝试着用记忆法去记，很轻松就记下来了。

税法是注税考试的一座大山，其中内容繁多、杂乱，我给各位考生们推荐这篇税法记忆口诀，使大家在记忆相关知识点时更加轻松、省时！

1. 税法——消费税

销售什么产品要缴纳消费税？

“三男三女去开车”

三男：烟、酒及酒精、鞭炮焰火

三女：化妆品、护肤护发品、贵重首饰及珠宝玉石

去开车：小汽车、摩托车、汽车轮胎、汽油柴油

2. 税法——其他

有些小税种的税金是不能计入“应交——应交”这样的科目的，需要进入费用类科目，以下是计入管理费的四个税金：

“等我们有钱了，我们就可以有房有车有地有花”

有房：房产税

有车：车船使用税

有地：土地使用税

有花：印花税

3. 税法——增值税

在增值税计算中，可抵扣的三个不同的税率为运费7%，废旧物资10%，向农业生产者购入的免税农产品13%，这三个税率容易混淆。

口诀如下：

“今日好运气”（7）

“出门拾废品”（10）

“拾了13个农产品”（13）

4. 税法——增值税

视同销售货物的行为：

①将货物交给他人代销

②销售代销货物

③设有两个以上的机构并实行统一核算的纳税人，将货物从一个机构移送其他机构用于销售，但相关机构设在同一县（市）的除外

④将自产或委托加工的货物用于非应税项目

⑤将自产或委托加工或购买的货物作为投资

⑥将自产或委托加工或购买的货物分配给予股东或投资者

⑦将自产或委托加工的货物用于集体福利

⑧将自产或委托加工或购买的货物无偿赠送他人

口诀：两代（①②）两销（③）非投配（④⑤⑥）几（集⑦）个送他人（⑧）

5. 税法——增值税

不得抵扣的进项税前六项：固免非几个非非

固（固定资产）免（免税项目）非（非应税项目）几（集体福利）个（个人消费）非（非正常损失购货）非（非正常损失的在产品……）

6. 税法——增值税

进项税不得从销项税额中抵扣的项目：三飞机免雇几个

三飞机（用于非应税项目、非正常损失的购进货物、非正常损失的在产品、产成品所用购进货物）

免（用于免税项目）

雇（购进的固定资产）

几（用于集体福利）

个（用于个人消费）

7. 税法——企业所得税

在所得税里面，关于业务招待费的扣除比例是：按照发生额的60%扣除，但最高不得超过当年销售收入的5‰。

口诀如下："开支小于或等于（60%），最高不得超过（5‰）去招待。"

8. 税法——印花税

口诀如下：

万三狗奸计（0.03%，购、建、技）

千一猪管饱（0.1%，租、管、保）

千二姑借十万五

万三狗奸计：税率万分之三的是狗（购销合同）、奸（建筑安装工程承包合同）、计（技术合同）。

十万分之五是借款，千分之二是股权转让书据。

已贴未画一至三（倍）

未贴少贴三至五（倍）

揭下重用二千一（2000至10000）

五倍罚款也可以

伪造印花要被抓

保管不当挨五千

9. 税法——消费税

口诀如下：

直接销售进成本，连续生产可抵扣

其实我认为记消费税是否进成本，不必记得那么麻烦，只记一句话就可以了，那就是我委托A厂加工轮胎，当时A厂代付消费税，那么说明我已经交过了一次，现在我直接销售。

借：委托加工物资（加工费+消费税）

应交税费——增值税（进项税）加工费×100%

贷：银行存款

如果我再加工，我把轮胎装在汽车上，再出售时，也要交纳消费税的，所以我把现在已交纳的轮胎的消费税给抵扣掉。

借：委托加工物资 （加工费）

应交税费——增值税（进项税）加工费×100%

消费税

贷：银行存款

消费税=材料加工实际成本+加工费/（1−消费税税率）×消税率

所以，只记一句：我只交一次消费税！

10.税法——违反税法的法律责任

税法最后一章，违反税法的法律责任：

（1）不纳税申报，少缴税或不交税：50%以上5倍以下罚款

（2）偷税：50%以上5倍以下罚款

（3）欠税：50%以上5倍以下罚款

（4）逃税：50%以上5倍以下罚款

（5）骗税：1倍以上到5倍以下罚款

（6）抗税：1倍以上到5倍以下罚款

口诀如下：

警察同志对你说：你偷了钱（欠）不来申报，不上交，还要逃跑，罚酒五杯（倍）半。如果你欺骗政府，顽抗到底，罚酒 一至五杯（倍）。

第7章

单词一遍记得牢

第1节　单词记忆的原理

我们为何记不住单词

很多中小学生和成年人都会问我同样一个问题：为什么他们记不住单词？这应该也是很多读者都想问的一个问题，学英语的时候为什么我们就是记不住单词呢？这首先得从人的记忆的本质属性说起。

很多信息我们为什么会记不住呢？前面我们已经详细地分析过，因为信息之间的关联性不够。这个问题在英语单词上体现得尤为明显，英语单词由两部分构成，单词字母组合和中文意思之间没有关联，我们在记忆单词的时候都是靠死记硬背来记住中文意思，导致记忆不够牢固。

现在很多中小学都在学习自然拼读法，即根据单词的音标准确地发音，通过发音写出单词，这的确是一个很不错的办法，英语单词固定的字母组合是有固定发音的，因此，我们可以根据发音倒推出单词的拼写。我们上中学时也经常用这种方法帮助拼写单词。比如英语里面“oo”组合在一起有两种发音，一种是长音“u:”，如“gloom，boom”，另一种是短音“u”，如“look，book”。

除了音标拼读外，还有一种提升我们单词记忆效率的方法，就是养成良好的记忆习惯。很多人说自己的记性不好，缺乏方法是其中一个因素，另一个因素就是记忆习惯的问题。我们通常记住了东西以后就放到一边不管了，很少有人会拿出来复习，有的人拿出来复习也是很久以后了，这时候大部分都已经淡忘了，再复习意义也不大。

艾宾浩斯遗忘曲线的规律告诉我们，人的遗忘在记忆完毕后最近的时间里遗忘率是最高的，所以养成正确的记忆习惯是很重要的，可以大大地提高我们的记忆效率。下面我们给大家分享一些可以提高单词记忆效率的心得。

第2节　提高单词记忆效率的步骤

（一）需要准备的学习工具

“工欲善其事，必先利其器。”简单准备几件学习工具，能更好地发挥学习的效果。

（1）小型笔记本。不必太好太贵，普通的小型笔记本就可以，甚至1元一本的记事簿也行。要便于携带，放在兜里可以随时拿出来回忆。

（2）蓝色、黑色和红色的中性笔各一支。便于区分和做标记，如果想多点个性化，也可以用其他颜色的中性笔，只要让自己可以很好地区分就行。

（3）一张长形的书签、卡片或扑克牌，要求是不可以透明。

（4）牢记住记忆馆的大小字母桩。

（二）“三三原则”

（1）第一个“三”，把一天分为早上和上午、中午和下午、晚上三个时间段。每个时间段都要记一次，看清是一次。这三个时间段各记一次，为第一个“三”。

即早上第一次记忆的单词，中午的时候一定要拿出来复习一遍，复习的时间不需要太长，15分钟即可，晚上睡觉前一定要拿出来再次复习一遍。同样的内容要记三次。

（2）第二个“三”，每记一次都要对一组单词记三遍。就是说上午的时候对一组单词记三遍，下午对这一组单词再记三遍，晚上再记三遍。每个时间段对一组单词各记三遍为第二个“三”。

（3）记忆单词不限于只记三次，以后可以根据自己的熟练度，加快对原来这组单词的回忆速度。前三次记忆可以只看单词回忆词义，第四次可以看词义拼写单词。回忆词义和拼写单词时会用到卡片。

（4）合理设计自己的单词回忆次数和回忆的间隔时间，利用好遗忘曲线。

（三）单词的书写、标记及记忆步骤

（1）用蓝色笔书写单词和单词的词义，如果词义不好回忆，可以适当写出需要提示的内容。把单词和词义分成左右两个版面，这样便于卡片的左右阻挡，单词一列，词义及提示一列，如图所示。

Unit 1
how often 多久一次
exercise /ˈeksə(r)saɪz/ *v.* & *n.* 锻炼；运动
skateboard /ˈskeɪtbɔː(r)d/ *v.* 踩滑板；参加滑板运动
hardly /ˈhɑː(r)dli/ *adv.* 几乎不；几乎没有
ever /ˈevə(r)/ *adv.* 曾；曾经
shop /ʃɑːp/, /ʃɒp/ *v.* 购物
once /wʌns/ *adv.* 一次
twice /twaɪs/ *adv.* 两次
time /taɪm/ *n.* 次；次数
surf /sɜː(r)f/ *v.* 在……冲浪；在激浪上驾（船）
Internet /ˈɪntə(r)net/ *n.* 网络；互联网
program /ˈprəʊɡræm/ *n.* 戏剧、广播、电视等的节目；表演
high school （美）中学；（英）公立中等学校
most /məʊst/ *adj.* 大多数的；大部分的；几乎全部的
no /nəʊ/ *adj.* 没有的；全无的
result /rɪˈzʌlt/ *n.* 结果；成果
active /ˈæktɪv/ *adj.* 活跃的；积极的
for /fɔː(r)/ *prep.* 对于；关于；在……方面；就……而言
as for 至于；关于
about /əˈbaʊt/ *adv.* 约摸；几乎；大约
junk /dʒʌŋk/ *n.* 废弃的旧物；破烂物
junk food 垃圾食品
milk /mɪlk/ *n.* 牛奶
coffee /ˈkɔːfi/, /ˈkɒfi/ *n.* 咖啡
chip /tʃɪp/ *n.* （食物等的）薄片
cola /ˈkəʊlə/ *n.* 可乐
chocolate /ˈtʃɑːkələt/, /ˈtʃɒklət/ *n.* 巧克力
drink /drɪŋk/ *v.* 喝；饮

每页按照笔记的大小书写一定的单词，每页留出页眉和页脚。

（2）每记或回忆一次，看准是“次”哦，就是一个时间段的记忆，就在页脚书写“正”的一画，就和唱票时的计票一样。用“正”来记录自己所记忆的次数。

（3）从第二次记忆以后，可以用卡片阻挡词义来回忆词义，回忆不

起来再移开卡片看词义，这时就要对自己的联想反思，看能否找到更适合自己回忆的联想。在该单词下面用黑笔画横线。当单词有两条黑线时，用红笔圈起该单词，并用黑笔写在页眉上，只写单词。以后每次看单词回忆词义，都先看页眉，然后按顺序回忆，最后再回忆一次页眉的单词。

（4）当用卡片挡住单词，看词义拼写单词时，想不起来的用红笔在词义上画横线，当词义出现两次红线时，用红笔圈起来，并在页脚写词义。以后每次拼写，先拼写页脚的单词词义，最后再拼写一次。

（5）卡片用来阻挡需要回忆的内容，所以不要用透明的卡片，同时在每次记忆完了以后，可以用卡片放在那一页，让自己下次就能快速打开要记的那页。

（6）每天早上和睡觉前检查“正”笔画的多少，对数量少的那页，要优先在当天或明天先记忆，并能对自己一天是否偷懒做出明确的判断。

（7）对一个单词有多种词义的，前三次记忆可以只记住关键的词义，以后每次记忆在原来的基础上通过增加联想，来记住其他的含义。

第3节　背单词前必须掌握的词根

看似简单的单词背后其实藏着很多不为人知的秘密，能够解开这些秘密对于提升我们记单词的效率是有极大帮助的。英语单词分为两部分，单词字母组合和中文意思。前面的章节我们已经解析了记不住单词的原因就是因为两者之间的关联度不够强，如果解决了这个难题，单词会变得好记很多。这一节我们就来给各位揭开单词背后的那些秘密。

英语单词和汉字一样，存在着很多的“偏旁部首”，知道了偏旁部首，你就可以根据它们来猜测单词的意思。虽不说百分之百猜准，至少在别人告诉过你单词的意思后，你可以恍然大悟地领会它，这样就可以大大增强你对英语单词“见字识意”的能力，做到真正认识一个单词，而把它的汉语意思仅作为一般参考。

举几个例子。

比如单词representative，请别急着告诉我你认识这个单词，其实你不见得“认识”这个单词，你仅是凭着记忆力记住了这串英语字母和两个汉字符号“代表”之间的对应关系，这样去学英语你会多费劲？下面我来告诉你这个单词为什么是“代表”的意思。

re在英语里是一个偏旁部首，它是“回来”的意思；

pre也是一个偏旁部首，是“向前”的意思；

sent也是一个偏旁部首，是“发出去、派出去”的意思；

a仅是偏旁部首之间的一个“连接件”，没了它，两个辅音字母t就要连在一起了，发音会分不开，会费劲，因此用一个元音字母a隔开；

tive也是一个偏旁部首，是“人”的意思。

那么这几个偏旁部首连在一起是什么意思呢？

re–pre–sent–a–tive，就是“回来–向前–派出去–的人”，即“回来征求大家的意见后又被派出去替大家讲话的人”，这不就是“代表”的意思吗？这么去认识一个单词，才是真正“认识”了这个单词，把它认识到了骨子里。

再举一个例子，psychology。

psy=sci，是一个偏旁部首，是“知道”的意思；

cho是一个偏旁部首，是“心”的意思；

lo是一个偏旁部首，是“说”的意思；

gy是一个偏旁部首，是“学”的意思；

logy合起来是“学说”的意思。

psy-cho-logy连起来就是“知道心的学说”，因此就是“心理学”的意思。

以此类推，不要去死记硬背单词的汉语意思，而要用识别“偏旁部首”的方法去真正认识一个单词。真正认识了单词后，你会发现单词表里的汉语翻译原来其实很勉强，有时甚至根本翻译不出来，因为汉语和英语是两种不同的文字体系，两者在文字上本来就不是一一对应的，只背英语单词的汉字意思是不能真正认识这个单词的，会造成很多的后续学习困难，会造成你一辈子看英语单词如雾里看花，永远有退不掉的陌生感。

那么接下来的问题是，英语里有多少个“偏旁部首”，怎样知道并学会它们?

其实英语里偏旁部首的学名叫“字根”，常用的也就200多个，它们就像26个字母或汉语里的偏旁部首那样普通而重要，它们是学英语第一课里就应该学习的重要内容，学英语者应及早地掌握这些重要的常识，及早地摆脱死记硬背的蛮干状态，及早地进入科学、高效的识字状态。

【英语字根】

1. ag=do，act 做，动

2. agri=field 田地，农田（agri也作agro，agr）

3. ann=year年

4. audi=hear听

5. bell=war战争

6. brev=short短

7. ced，ceed，cess=go行走

8. cept=take拿取

9. cid，cis=cut，kill切，杀

10. circ=ring环，圈

11. claim，clam=cry，shout喊叫

12. clar=clear清楚，明白

13. clud=close，shut关闭

14. cogn=known知道

15. cord=heart心

16. corpor=body体

17. cred=believe，trust相信，信任

18. cruc=cross 十字

19. cur=care关心

20. cur，curs，cour，cours=run跑

21. dent=tooth牙齿

22. di=day 日

23. dict=say说

24. dit=give给

25. don=give给

26. du=tow二

27. duc，duct=lead引导

28. ed=eat吃

29. equ=equal等，均，平

30. ev=age年龄，寿命，时代，时期

31. fact=do，make做，作

32. fer=bring，carry带拿

33. flor=flower花

34. flu=flow流

35. fus=pour灌，流，倾泻

36. grad=step，go，grade步，走，级

37. gram=write，draw写，画，文字，图形

38. graph=write，records写，画，记录器，图形

39. gress=go，walk 行走

40. habit=dwell居住

41. hibit=hold拿，持

42. hospit=guest客人

43. idio=peculiar，own，private，proper特殊的，个人的，专有的

44. insul=island岛
45. it=go行走
46. ject=throw投掷
47. juven=young年轻，年少
48. lectchoose，gather选，收
49. lev=raise举，升
50. liber=free自由

51. lingu=language语言
52. liter=letter文字，字母
53. loc=place地方
54. log=speak言，说
55. loqu=speak言，说
56. lun=moon月亮
57. man=dwell，stay居住，停留
58. manu=hand手
59. mar=sea海
60. medi=middle中间

61. memor=memory记忆
62. merg=dip，sink 沉，没
63. migr=remove，move迁移
64. milit=soldier兵

65. mini=small，little小
66. mir=wonder惊奇
67. miss=send 投，送，发（miss也作mit）
68. mob=move动
69. mort=death死
70. mot=move移动，动

71. nomin=name名
72. nov=new新
73. numer=number 数
74. onym=name 名
75. oper=work工作
76. ori=rise升起
77. paci=peace和平，平静
78. pel=push，drive推，逐，驱
79. pet=seek追求
80. phon=sound声音

81. pict=paint画，描绘
82. plen=full满，全
83. plic=fold折，重叠
84. pon=put放置
85. popul=people人民

86. port=carry拿，带，运

87. pos=put放置

88. preci=price价值

89. punct=point，prick点，刺

90. pur=pure清，纯，净

91. rect=right，straight正，直

92. rupt=break破

93. sal=salt盐

94. scend，scens=climb爬，攀

95. sci=know知

96. sec，sequ=follow跟随

97. sect=cut切割

98. sent，sens=feel感觉

99. sid=sit坐

这些叫词根词缀。拉丁语系所有的语言以及衍生语言都是由前缀+词根+曲折变化、复合、派生+后缀组成的，因此其实用性还是很重要的。

第4节　单词高效记忆之字母编码法

接下来会给大家分享几种平时常见的单词记忆的方法，供大家参考。这里要向各位读者说明，很多读者会进入一个误区，就是一心想着每个单

词靠记忆法都能够做到牢记，这种想法是不太现实的。之所以会产生这种观点，或许跟很多记忆大师推崇的记忆法无敌、记忆法是万能的、记忆法能够解决一切记忆难题这些观念有关。

本书前面我们也讲过，记忆法只能作为解决知识记忆层面问题的一个辅助工具，并不能完全取代原有的大脑功能。有的知识纯粹属于记忆层面，这时候用记忆法完全可以解决问题，但是有些知识点，既需要靠大脑原有的生理记忆功能，也需要用一些记忆法的技巧。

拿英语单词来说，大概只有70%的英语单词是比较适合用记忆法去记的，的确有很多单词用记忆法不太合适，反倒是用传统的方法或许更好。还有些单词需要把记忆法和原始死记硬背的这种方法结合起来效果更佳。很多人因为了解了记忆法，反而本末倒置，寄希望于抛弃原来的一切，用记忆法解决所有的问题。

比如单词记忆法里有一种拆词法，很多记忆法的书直接告诉读者把单词根据编码拆分成几个部分，然后保证每个拆分出的字母编码都跟中文意思联系起来。可是有的单词由于字母太多，如果逐个拆分会导致编码太多，有些无用的部分会使得联想的故事太过于牵强。

而如果选取有代表性的几个部分，忽略掉不重要的部分反而会更好，人的大脑的特性决定了哪怕是忽略掉的部分，我们的潜意识也还是不会忘记的。有时候我们对于一个陌生的单词也并不是完全没印象，只是缺一个信息的引爆点，而选取的一部分编码正好作为一个信息提示点帮助我们回想单词的意思。

很多记忆法书籍会浓墨重彩地介绍很多种记忆单词的方法，十几二十种的都有。我个人觉得并没有那么多方法，很多方法都是重叠的，用得频率最多、最实用的就那么几种而已，只要学会融会贯通，几种方法足够应付日常学习中的单词记忆难题。下面着重给各位读者介绍几种使用得最多、通用性最强的记忆单词的方法，首先是字母编码法。

记忆法记单词更侧重的是逻辑联想，即把单词拆分，然后跟中文意思联想成一个逻辑故事，由此把两个没有关联的信息联系起来。拆分单词时是根据单词的组合特点，没有固定的形式。

比如有的单词是观察到某两个或者三个字母刚好是我们熟悉的汉语拼音，则可以拿出来单独作为一个编码，还有的是其中的某一个或者两个或者三个字母组合在一起刚好是一个完整的英语单词或者某个单词的缩写形式，这也可以作为一个编码。

因此在记忆单词前我们先来熟悉下对应的字母编码。英文字母从音、形、义不同的角度所对应的编码也不一样。

1. 字母的编码方式

（1）谐音化。根据字母的英文发音，来寻找与其相似的汉语发音，如“P”，我们可以谐音为“皮、劈、屁、琵（琶）”。

（2）拼音化。比如字母“W”，汉语拼音中发音类似“乌”，就把它记成“乌鸦”。又如“ab”，容易让人想起“阿爸”。

（3）形象化。比如字母“A”的形状像一顶尖尖的帽子，故“A”的编码就是帽子；字母“a”样子像只青蛙，故“a”的编码就是青蛙。

（4）数字化。数字化的情况不是很多，比如单词“log”（木头）像数字“109”，zoo（动物园）像数字200，字母“b”像数字“6”，字母

“l”像数字“1”等。

（5）单词化。当然，还有其他的手段，比如利用掌握的英语单词，对于字母“P”我们可以为它找到更多的编码，比如“停车场”（parking）“警察”（plice）“王子”（prince）等。

2. 字母组合编码方式

（1） 一般以组合的字母作为中文拼音的声母找汉字。比如组合字母“wh”，我们分别以“w”和“h”为声母，然后尽量找到具体形象的中文编码，比如“武汉、外汇、舞会、王后”等。

（2）利用其代表的汉语意义。比如CO（一氧化碳）、Cl（氯）、Al（铝）、Cu（铜）等，都是利用其代表的汉语意义。

（3）利用其在英语中的发音找到相似的中文谐音。比如-tion-英语发音是[-tʃən]，与其相似的中文谐音是神、婶、肾、省等。

特别提醒：给字母编码或是字母的组合编码，不能出现同样的编码。比如字母“i”的拼音化编码是“医、姨”，字母“y”的拼音化编码是“（蜥）蜴、蚁”，字母“e”谐音化编码是“姨、蚁、衣”。字母“i”的拼音化编码是“医、姨”，就不能再拿编码“医、姨”作为字母“y”或“e”的编码，也就是说它们的编码必须不同。

总之，英文字母虽然只有26个，字母组合却不胜枚举。上面提到的只是经常用到的字母和字母组合编码，大家在英语学习中还要自己发现，活学活用。你也可以根据编码原则，去编造自己熟悉的编码。

字母	形象	拼音	谐音
Aa	头	阿姨	苹果
Bb	收音机 / 眼镜 / 6	伯伯	笔
Cc	月牙	瓷器	—
Dd	—	德国	弟弟
Ee	梳子	鹅	衣服
Ff	拐杖	佛	斧头
Gg	9	哥哥 / 鸽子	—
Hh	椅子 / 梯子	禾苗	—
Ii	蜡烛	—	爱人 / 矮人
Jj	钩子	鸡 / 机器	—
Kk	机枪	老K	可乐
Ll	棍子 / 1	—	—
Mm	麦当劳	妈妈	—
Nn	门	—	—
Oo	圈 / 0	我	海鸥
Pp	—	婆婆	皮 / 屁
Qq	企鹅	旗	—
Rr	树苗	—	—
Ss	蛇 / 美女	丝	—
Tt	伞	特务	题
Uu	桶 / 杯子	—	油
Vv	胜利 / 漏斗	—	—
Ww	皇冠	屋 / 巫婆	—
Xx	叉	西瓜	—
Yy	衣叉	姨妈	—
Zz	闪电 / 呼噜	—	嘴

下面是一些常见的组合字母编码，记住一些常用字母组合编码，同样可以帮助我们快速记忆英语单词。比如，记忆下列单词：

abroad[ə'brɔ:d] adv.往国外，海外

记忆法：ab（阿爸）+road（路上）——阿爸在往国外的路上

wheat[wi:t] n.小麦

记忆法：wh（武汉）+eat（吃）——在武汉吃小麦

字母组合	相应编码
Ab	阿爸、阿伯、哑巴
Ad	阿弟、哀悼、广告、AD钙奶
Al	暗流、按钮、阿拉伯、铝
Ap	阿婆、苹果
Ar	爱人、矮人
Au	遨游、澳大利亚
Bl	81、军人、玻璃、辩论
Br	病人、本人、哥哥
Ch	菜花、池、茶花
Ck	厨师、蛋糕、衬裤、残酷
Cl	齿轮、赤裸、氯、处理
Co	可乐、一氧化碳
Com	计算机、公司、因特网
Cr	超人、成人
Cu	醋、铜
Dr	敌人、大人、打人
Ee	眼睛
Fl	俘虏、附录、肥料
Fr	夫人、妇人、犯人
Gl	91、公路、挂历
Gr	工人、国人、骨肉
Ic	冰块、IC卡、一车、哀辞
Im	一猫、一毛钱、姨母

续表

字母组合	相应编码
Ive	夏威夷、妻子（wife）
Oa	圆帽
Oo	眼睛、望远镜
Or	或者
Ou	藕、鸥、呕
Ph	pH、电话
Pl	管箩、铺路、漂亮
Pr	仆人、聘任、怕人
Sh	上海、石灰、失火
Sl	司令、山岭、森林、苏联
Sq	身躯、山区、死去
St	尸体、试题、石梯、沙滩
Sw	散文、生物、市委、书屋
Th	天河、图画、屠户、弹簧
Tion	甥、婶、肾、神
Tr	Tree（树）、土壤、桃仁、土人、投入
Un	联合国
Wh	武汉、外汇、舞会、王后
Et	外星人

牢记这些字母编码表后，万事俱备了，下面我们给大家介绍几种最常见、使用最多的单词记忆方法。

字母编码法是把英语单词拆分成单个或者组合的字母，然后把字母转换成编码，进行联想记忆。看看下面的例子。

zoo [zu:] n. 动物园

像数字200

联想：动物园里有200种动物。

gloom [ɡlu:m] n. 郁闷，忧郁

gloom（像数字9100）+ m（麦当劳）

联想：吃了9100个麦当劳当然会感到很郁闷。

clock [klɒk] n.时钟

c（月亮）+ lock（锁）

联想：月亮里面的锁变成了一个时钟。

nice [nais] adj.好的，令人愉快的

n（门）+ ice（冰）

联想：夏天躲在门里面吃冰块是一件很令人愉快的事。

meet [mi:t] v.相逢，遇见

m（门）+ ee（两只鹅）+ t（他）

联想：大门里的两只鹅遇见他。

family ['fæmili] n.家庭

fa（father，爸爸）+ ma（mather，妈妈）+ i（我）+ l（love，爱）+ y（you，你们）

联想：爸爸妈妈，我爱你们。

book [buk] n.书

boo（数字600）+ k（机关枪）

联想：我用600把机关枪换了一本书。

case [keis] n.箱，盒，橱

ca（擦）+ s（蛇）+ e（鹅）

联想：我擦箱子和橱柜时看见了一条蛇和一只鹅。

spell [spel] v.拼写

s（蛇）+ pe（喷出）+ ll（两根棍子）

联想：蛇喷出的两根棍子可以拼写汉字。

baseball ['beisbɔ:l] n.棒球

ba（爸爸）+ s（蛇）+ e（鹅）+ ball（球）

联想：爸爸养的蛇和鹅把棒球给吃了。

block [blɔk] n.街区

blo（610）+ck（ck牌香水）

联想：610个ck牌的香水在这个街区贩卖。

assess[ə'ses] v. 评估

a（帽子）+ss（两个美女）+e（衣）+ss（两个美女）

联想：戴帽子的两个美女跟穿衣服的两个美女，谁更漂亮？请大家好好评估。

thunder n. 雷，雷声 vi. 打雷

th（天河城）+under（在……下面）

联想：在天河城下面打雷，传来阵阵雷声。

bamboo[bæm'bu:] n. 竹子

ba（爸）+m（妈）+boo（600）

联想：爸妈吃了600根竹子。

ash [æʃ] n. 灰尘

a（苹果）+s（蛇）+h（椅子）

联想：头顶着苹果的蛇正在椅子上扫灰尘。

第5节　单词高效记忆之字母拼音法

英语字母跟汉语拼音非常相似，写法相通，就是读音不同。利用这一

特点，我们可以在适当的时候把一些英语字母转换成汉语拼音，根据汉语拼音的发音转换成对应的中文再来进行记忆。看看下面的例子。

siren [ˈsaiərin] n.警报器

si（死）+ ren（人）

联想：看到死人当然拉响警报器。

rebuke [riˈbju:k] v. 责备，指责

re（热）+ bu（补）+ ke（课）

联想：学校在热天补课，受到了很多家长的责备。

famine [ˈfæmin] n.饥荒；饥饿；极度缺乏

fa（发）+ mi（米）+ ne（呢）

联想：就是因为饥饿、饥荒，所以才发米呢。

change [tʃeindʒ] vt.改变，变更；交换，替换

chang（长）+ e（鹅）

联想：嫦娥改变了对猪八戒的看法。

agent ['eidʒənt] n.代理人；代理商

a（阿）+ gen（根）+ t（ting，廷）

联想：我是阿根廷的代理人。

male[meil] ad.男性的

ma（骂）+le（了）

联想：骂了一个男性的人。

tale [teil] n.故事

ta（他）+ lel（了）

联想：他说了一个故事。

shake [ʃeik] v.颤抖

sha（杀）+ ke（客）

联想：不小心杀了客人，所以不停地颤抖。

hang [hæŋ] v.悬挂

hang（行）

联想：悬挂了一行。

cage [keidʒ] n.笼子

ca（擦）+ge（鸽子）

联想：擦装鸽子的笼子。

tune [tju:n] n.曲调

tun（吞）+e（鹅）

联想：吞了一只鹅，所以唱鹅的曲调。

fence [fens] n.栅栏

fen（分）+ce（厕所）

联想：栅栏分开了厕所。

第6节 单词高效记忆之谐音法

谐音法相信是所有学过英语的人都很熟悉的一种方法，就是根据英文的读音，对应地谐音成一种我们熟悉的中文。最初我们接触英语时，很多人都会使用这样一种最贴近我们汉语的方法去记忆英语单词。虽然效果还不错，可是一直受到很多英语老师或者英语学习者的诟病，他们认为这种方法伤害了英文的发音。

客观地讲，反对者的意见也不是没有道理，但是不可一概而论。对于中小学生来说，他们本身英文的发音就不太准确，语感语境也不强，如果过度使用这种谐音法确实会影响到他们。而成年人就不一样，成年人对英语的语感更强，对单词的拼读理解得更透彻，用这种方法记单词时并不会影响到发音，读得慢一些就是中文，读快了就是英文的发音。只要把握好这个度，能够帮我们记住这个单词，这种方法就是有效的。看看下面的例子。

ambulance [ˈæmbjuləns] n.救护车

谐音：俺不能死

联想：他受伤了，总在说“俺不能死”，所以快点叫救护车啊。

vinegar [ˈvinigə] n.醋

谐音：吻你哥

联想：吻你哥，嫂子会吃醋的。

pedestrian [piˈdestriən] n.行人，步行者

谐音：怕的是砖

联想：行人走路的时候怕的是砖绊脚。

tape [teip] 录音带

谐音：太婆

联想：太婆很喜欢听录音带。

picture [ˈpiktʃə] n.照片，图画

谐音：皮卡丘

联想：我在照片上画皮卡丘。

school [sku:l] n.学校

谐音：死哭

联想：听说要去学校，小孩往死里哭。

furniture ['fə:nitʃə] n.家具

谐音：房内缺

联想：房内缺的东西一般都是家具。

path[pa:θ] n.路，小道；道路

谐音：怕死

联想：在路上走很怕死。

bean [bin] n.豆

谐音：冰

联想：冰豆。

cushion ['kuʃən] n. 垫子，坐垫、靠椅

谐音：酷刑

联想：有种酷刑叫坐垫子（垫子温度2000℃）。

colony ['kɔləni] n. 殖民地；侨居地

谐音：克隆你

联想：克隆你就是让你成为他们的殖民地。

mental['mentl] adj. 精神的；脑力的

谐音：馒头

联想：想要精神好，馒头要吃饱。

第7节　单词高效记忆之字母熟词分解法

字母熟词分解法适合用于一些比较长的单词，这些单词里往往包含另外的一个或几个单词，我们把这些单词分解出来，再结合其他的字母放在一起进行联想。

candidate ['kændidit] n.候选人，候补者

can（能）+did（做）+ate（eat的过去式，吃）

联想：能做一些好吃的东西才能成为食神的候选人。

charm [tʃɑ:m] n.魅力；妩媚

ch+arm，转换为ch（拼音长）+ arm（手臂，胳膊）

联想：女生有长长的手臂妩媚之极，魅力十足。

acute [ə'kju:t] adj.尖的，锐的；敏锐的

a（一）+cut（切）+e（汉语拼音鹅）

联想：一把切鹅的刀是尖的、锐的。

history ['histəri] n.历史

his（他的）+ story（故事）

联想：他的故事被写进了历史。

hijack ['haidʒæk] v. 抢劫

hi（嗨）+jack（杰克）

联想：嗨，杰克，抢劫去吧。

keyboard['kibɔ:d] n.键盘

key（钥匙）+board（面板）

联想：拥有很多钥匙的面板就是键盘。

doorway ['dɔ:wei] n. 出入口

door（门）+way（路）

联想：门那里的路就是出入口。

handwriting['hend'raitiŋ] n. 书法

hand（手）+writing（写）

联想：用手写书法。

alienation ['eiljə'neiʃən] n. 疏远，离间

a（一个）+lie（说谎）+nation（民族）

联想：一个总是说谎的民族会被别的民族所疏远。

mission['miʃən] n. 任务

miss（错过）+i（我）+on（上面）

联想：错过一个任务，我们都站在上面受罚。

outstanding[aut'stændiŋ] a. 杰出的

out（外面）+standing（正在站着）

联想：外面站着的人都是杰出的。

background['bækgraund] n. 背景

back（后面）+ground（地面）

联想：背景就是后面的地面。

bulletin['bulitin] n. 报告

bullet（子弹）+in（里面）

联想：子弹里面藏着报告。

sinister ['sinistə] adj. 险恶的

sister（姐姐）+ni（你）

联想：姐姐你不是险恶的。

notice ['nəutis] n. 公告

note（笔记）+ic（IC卡）

联想：笔记里的IC卡是用来记公告的。

shore [ʃɔ:] n. 海岸

shoe（鞋）+r（小草）

联想：鞋载着小草去海岸。

shame [ʃeim] n. 羞耻

she（她）+am（自我）

联想：她是自我觉得羞耻。

chemist ['kemist] n. 化学家

chest（胸）+mi（米）

联想：化学家在胸口藏了很多米。

slide [slaid] v.滑动

side（旁边）+l（棍子）

联想：旁边有一根棍子在滑动。

ballad ['bæləd] n. 民歌

bad（坏的）+all（全部）

联想：坏的民歌全部扔掉。

fibre['faibə] n. 纤维

fire（火）+b（6）

联想：火把6个纤维烧没了。

stoop [stu:p] v. 弯腰

stop（停止）+o（呼啦圈）

联想：停止转呼啦圈，然后弯腰。

favour ['feivə] n. 恩惠

four（四）+a（苹果）+v（漏斗）

联想：四个苹果装在漏斗里给你，是我的恩惠。

第8节　单词高效记忆之归纳比较记忆法

归纳比较记忆法是确定单词彼此间的差异和共同点，并对相似或不同的单词进行归纳比较分析，把握它们的差异点和共同点，然后进行记忆的方法。

认知心理学研究表明，归纳比较是一种提高记忆效率的有效的组织策略。把相互关联的材料归为一类，就可以通过这一类的一个对象来把握其他所有的对象，达到触类旁通、以一记百的目的。

所以，归纳比较记忆法是学习者发挥自己的主观能动性对单词进行组织和管理，从而扩大词汇量的一种很好的方法。根据单词的形、音、义，及其阴阳性的不同特点，有四种归纳比较记忆法：形似归纳比较法、音同归纳比较法、义似归纳比较法和主题归纳比较记忆法。本书只跟大家分享形似归纳比较法的两种情形。

形似归纳比较法是归纳比较记忆法中最常见的，也是功效最为强大的英语单词记忆法。使用形似归纳比较法记忆新单词时，首先我们必须找到一个与之形似的熟词作为记忆的桥梁，然后进行联想记忆。

形似归纳比较法可被用来记忆单个单词，也可以被用来记忆大量单词。记忆大量单词时，首先把形似英语单词进行归纳，放在一个记忆小组中，并在这一组单词中找出一个熟词作为回忆的检索，然后把熟词跟其他的单词进行联想记忆。下面我们举例讲解。

1. 呼朋引伴法（记忆单个单词）

policy ['pɔlisi] n.政策，方针

【方法】找一个与policy形似的熟词——police[pə'li:s]n.警察

【记忆】警察执行政策。

sheet [ʃi:t] n.被单，被褥

【方法】找一个与sheet形似的熟词——sheep [ʃi:p] n. 绵羊

【记忆】绵羊在被单里睡觉。

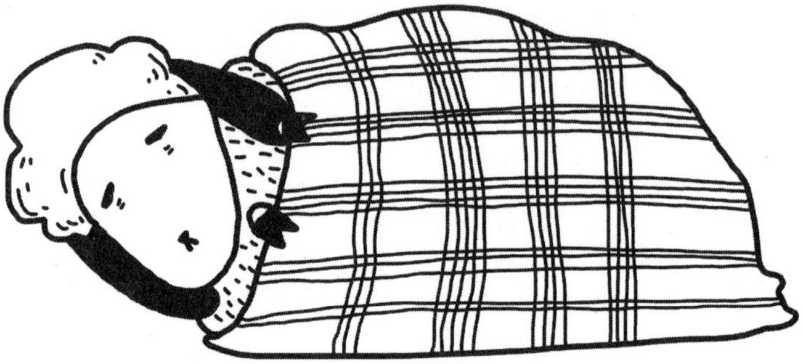

fight [fait] v. 战斗

【方法】找一个与fight形似的熟词——night [nait] n. 夜，夜间

【记忆】在夜间战斗。

fold [fəuld] v.折叠

【方法】找一个与fold形似的熟词——food [fu:d] n.食物

【记忆】把食物折叠起来。

comb [kəum] n.梳子

【方法】找一个与comb形似的熟词——come [cʌm] vi. 来，来到；出现

【记忆】来这里，用梳子梳头。

deed [di:d] n.行为，动作

【方法】找一个与deed形似的熟词——deep [di:p] a.深的；纵深的

【记忆】做一个很深的动作。

keen [ki:n] a.渴望的

【方法】找一个与keen形似的熟词——keep [ki:p] vi.保持；坚持

【记忆】保持着我渴望成功的心情。

grove [grəuv] n.树林

【方法】找一个与grove形似的熟词——glove [glʌv] n.手套

【记忆】戴着手套去逛树林。

tight [tait] adj. 严格的，严密的

【方法】找一个与tight形似的熟词——night [nait] n.夜晚

【记忆】晚上一到，这里就会很严格的。

applause [ə'plɔ:z] n.喝彩，掌声

【方法】找一个与applause形似的熟词——apple ['æpl] n.苹果+use使用

【记忆】使用苹果来喝彩。

2. 羊肉串法（记忆三个以上单词）

在记忆英语单词的时候，我们都习惯一个字母一个字母地记忆，很少会以词或字母组合为单位记忆。在这里我们要打开视野，学习以词或字母组合为单位，一组一组地记忆英语单词。在记忆英语单词的时候，可称其为羊肉串记忆法，因为这种方法主要用于一次记忆多个单词，就像把多块羊肉串起来一样。英语单词数目庞大，但是构成单词的字母，就是那26个字母。这就必然会出现很多词形类似的单词，我们还是通过一系列的实例来学习这种方法。

all

ball call fall hall mall tall wall

are

bare care dare fare hare mare rare ware

ear

bear dear fear gear hear near rear tear wear year

ell

bell cell hell sell tell well yell

ill

bill fill hill kill mill pill till will

通过以上的例子，我们都能明白，英语词汇中的形似词无处不在。而我们还记得是用了什么方法记住以上词汇的吗？一个单词、一个单词地记忆，必然会导致时间和精力的浪费。如果我们能以词为单位记忆，加上一定技巧（这点很重要，否则容易混淆），在记忆英语单词上，必然会取得更大的进步。如果仅仅是根据相似形进行记忆，会有一个很重要的问题，那就是这些词语很容易混淆。所以，一定要加上必要的技巧来区分它们的不同之处，这样效果才会好。

以上列出的都是英语中比较简单的词汇，几乎每个中学生都已经认识。为了让大家易于了解这种方法，我们用几个实例来向大家说明。

实战1

angle　　角；角度

bangle　　手镯；脚镯

dangle　　悬挂

fangle　　新款式；新发明

jangle　　发出刺耳的声音

twangle　　口音；鼻音

tangle　　纠缠

entangle　　使纠缠

untangle　　解开

wangle　　使用策略；使用诡计

上面一组词汇的词形类似，它们都有angle，这是它们的共性。同时，它们又不完全一样。我们可以在它们彼此不同的部分下面画线，以此醒目。如果我们要记忆这组词汇，关键就是创造画线部分与汉语意思的联结，这样记忆信息量一下就少了很多。

bangle ['bæŋgl] 手镯；脚镯

【方法】b拼音：臂

【记忆】手臂上戴着手镯。

dangle ['dæŋgl] 悬挂

【方法】d拼音：吊

【记忆】吊即悬挂的意思。

fangle ['fæŋgəl] 新款式；新发明

【方法】f拼音：发

【记忆】发，发明，新发明。

jangle ['dʒæŋgl] 发出刺耳的声音

【方法】j拼音：尖

【记忆】尖，尖叫，发出刺耳的声音

twangle ['twæŋgl] 口音；鼻音

【方法】tw：two

【记忆】两个声音，一个口音，一个鼻音。

tangle ['tæŋgl] 纠缠

【方法】谐音：探戈

【记忆】跳探戈的人们纠缠在一起。

entangle [in'tæŋgl] 使纠缠

【方法】en-前缀，表“使……”

【记忆】使纠缠。

untangle ['ʌn'tæŋgl] 解开

【方法】un-前缀，表“反义”

【记忆】纠缠与解开互为反义词。

wangle ['wæŋgl] 使用策略；使用诡计

【方法】w拼音：我

【记忆】我使用策略的时候，有人说我使用诡计。

实战2

berry ['beri] n. 浆果（如草莓等）

cherry ['tʃeri] n.樱桃；樱桃树

merry ['meri] a.欢乐的，愉快的

lorry ['lɔ:ri] n. 运货汽车，卡车

berry　b拼音：暴

cherry　ch拼音：秤

merry　m拼音：妈

lorry　lo数字：10

暴吃家族

暴吃许多berry（浆果）

秤得几斤cherry（樱桃）

妈妈吃得merry（快乐的）

再买10车lorry（卡车）

现在没货 sorry

稍等不要 worry

上面的例子中，我们编写了一首歌谣，歌谣也是非常有助于记忆的手段，同时也充满乐趣，效果是显而易见的。

可以说，形似归纳比较法是记忆大量英语单词时最有效的方法。那么，如何找到这么多形似的英语单词？这就要求平时在记单词的时候，多积累、多总结，不要记了一个单词就不管了，那样我们的词汇量就很难达到理想的要求。如果不懂得管理和归纳，就很容易忘掉曾经辛辛苦苦记住的单词。

第9节　单词高效记忆之词素记忆法

词素记忆法，就是利用掌握的词根和词缀记忆新单词的方法。词素记忆法，从理论上讲是一种科学的记忆方法，许多英语单词是在词根的基础上，经过添加代表某种含义的前缀、后缀，或是经过其他处理演化而来的。掌握了英语学习的构词特点及规律，当我们不认识一个英文单词时，词素被用来唤醒猜测这个词的意思，而从词缀可以判断其词性、词义及应用特点，对我们扩大词汇量有很大的帮助。

但是，词素记忆法在词汇记忆系统中是一种备用方法，而不是词汇记忆系统的主流方法。使用词素记忆法记忆单词时，最关键的是要找准词根、词缀，因此，掌握一定的词根、词缀是使用词素记忆法的前提。

在英语中，词根、词缀的量是很大的，所以，对于普通的英语学习者来说，我们要掌握最常用的、出现频率比较高的词根或词缀。而如果是英语研究者，则应尽量扩大自己的词根和词缀量。下面我们用词素法记忆下列单词。

dislike [dis'laik] vt. 不喜欢

【方法】dis（表否定）+like（喜欢）

【记忆】不喜欢。

present ['preznt] n. 礼物

【方法】pre（表在前，预先）+sent（送出）

【记忆】预先送出的是礼物。

unknown ['ʌn'nəun] adj. 不知道的

【方法】un（表否定）+know（知道）

【记忆】不知道。

competition [kɔmpi'tiʃən] n. 比赛

【方法】compete（比赛）+tion（名词后缀，表行为的过程结果，状况）

【记忆】比赛。

weakness ['wi:kni:s] n. 弱点，不足

【方法】weak（虚弱）+ness（名词后缀，表性质，状态，程度）

【记忆】弱点，不足。

nonsense['nɔnsens] n. 胡说八道

【方法】non（表否定）+sense（意识）

【记忆】胡说八道。

permission [pə'miʃən] n. 许可

【方法】per（通过）+mission（任务）

【记忆】通过了这个任务就会获得许可。

infamous ['infəməs] adj. 臭名昭著

【方法】in（表否定）+famous（有名的）

【记忆】臭名昭著的。

在这里为大家总结了一些常见的词素。

前缀：

dis-表否定，反动作，分开；

in-表否定；

per-通过，每；

un-表否定，反动作；

mis-表错误；

non-表否定；

de-表反动作，离去，向下；

by-表次要的，附近的；

ex-表外部，先，离开；

pre-表在前，预先；

pro-表在前，向前，先；

sub-表在下面，低，次；

sup-表在下面；

super-表在……之上；

mid-表在……中间；

re-表再次；

com-表共同；

con-表共同；

trans-表移上，在那一边。

后缀：

-er表从事某职业的人，某地的人；

-ese表某国人；

-or表……者，动作，性质；

-ish形容词后缀；

-age名词后缀，表状态，行为，结果；

-ing名词后缀，表动作过程，结果；

-tion，-sion名词后缀，表行为的过程，结果，状况；

-ment，名词后缀，表行为，状态，过程，结果；

-able形容词后缀，表属性，倾向，相关；

-ness名词后缀，表性质，状态，过程；

-less形容词后缀，表否定；

-like形容词后缀，表相像，类似。

下面附上我们编写好的高中部分单词，仅供大家参考。

honest ['hɒnɪst] adj. 诚实的；正直的

拆分：ho（oh，哦）+ nest（鸟窝）

疯狂联想：看到有人掏鸟窝，他马上举报，这么做事很诚实、很正直。

brave [breɪv] adj. 勇敢的

对比记忆：grave（墓穴）

疯狂联想：勇敢的人才敢独闯墓穴。

loyal [lɔɪəl] adj. 忠诚的；忠心的

谐音：老友

疯狂联想：老友是最忠诚的。

wise [waɪz] adj. 英明的；明智的；聪明的

对比记忆：wish （希望）

疯狂联想：每个人都希望自己是一个聪明的、英明的人。

handsome ['hænsəm] adj. 英俊的；大方的；美观的

拆分：hand（胳膊）+some（一些）

疯狂联想：胳膊上有一些装饰物才是英俊的、美观的。

smart [smɑːt] adj. 聪明的；漂亮的；敏捷的

拆分： s（美女）+mart（市场，商贸中心）

疯狂联想：这个漂亮的美女进军这个市场是很聪明的做法。

argue [aːgjuː] vt. 争论；辩论

谐音：阿Q

疯狂联想：阿Q总喜欢与人争论。

fond [fɒnd] adj. 喜爱的；多情的；喜欢的

谐音：方的

疯狂联想：方形的东西是他最喜爱的。

mirror ['mɪrɚ] n. 镜子

谐音：迷人

疯狂联想：镜子能照出她迷人的外表。

fry [fraɪ] vi 油煎；油炸

对比记忆：fly（苍蝇）

疯狂联想：油炸过的食物容易招来苍蝇。

gun [gʌn] n. 炮；枪

谐音：缸

疯狂联想：枪打在水缸上，水缸就会破裂。

hammer ['hæmɚ] n. 锤子；槌

谐音：悍马

疯狂联想：他用锤子砸悍马的车。

saw [sɔː] n./vi. 锯

谐音：锁

疯狂联想：锁打不开了，只有用锯割开。

rope [rəup] n. 绳；索；绳索

对比记忆：rose（玫瑰花），p（拼音铺）

疯狂联想：把玫瑰花用绳索串起来铺成一个心形。

compass ['kʌmpəs] n. 罗盘；指南针

拆分：com［（e）来］+pass（通过）

疯狂联想：想来这里通过关卡，必须要带指南针。

movie [muːvi] n. 电影

拆分：i（我）+move（移动）

疯狂联想：我看到人在屏幕上移动，这就是电影。

survive [sə'vaɪv] vt. 幸免于；从……中生还　vi.幸存

谐音：射歪我。

疯狂联想：他的箭把我射歪了，没有射死，我才能幸存下来。

deserted [dɪ'zɜːtɪd] adj. 荒芜的；荒废的

谐音：低着踢它

疯狂联想：在荒芜的地上看到小动物要低着头踢它才踢得到。

hunt [hʌnt] vt./n. 打猎；猎取；搜寻

谐音：喊他

疯狂联想：我喊他一起去打猎。

share [ʃer] vi. 分享；共有；分配 n. 共享；份额

谐音：鞋儿

疯狂联想：有很多鞋儿就要分享给其他人，大家共享。

sorrow [sɒrəu] n. 悲哀；悲痛

对比记忆：borrow（借）

疯狂联想：有人找你借东西不还，那是很令人悲痛的。

lie [lai] n. 谎话；谎言

对比记忆：die（死亡）

疯狂联想：说谎话的人是要受到死亡惩罚的。

adventure [əd'vɛntʃɚ] vi/n. 冒险；冒险经历

谐音：饿得吻球

疯狂联想：他饿得吻球，这是个很冒险的经历。

scare [skeə] v. 惊吓，受惊　n. 惊恐，恐慌

拆分：s（美女）+care（照顾）

对比记忆：care（照顾）

疯狂联想：美女总是照顾受了惊吓的人。

formal [fɔːml] adj. 正式的

拆分：for（给）+ma（妈妈）+l（形状像一朵花）

疯狂联想：在正式的节日里要送给妈妈一朵花。

error ['ɛrɚ] n. 错误；差错

对比记忆：terror 恐怖，t联想到汉语拼音“他”

疯狂联想：他（t）犯了错误（error）后，就变得很恐怖（terror）了。

bathroom ['bæθ'rum] n. 浴室；盥洗室；厕所

拆分：bath（谐音巴士）+ room（房间）

疯狂联想：人们经常在浴室或者厕所里给巴士洗车。

towel ['tauəl] n. 毛巾，纸巾；抹布

谐音：桃儿

疯狂联想：桃儿要用毛巾擦干净后才可以吃。

lady [leidi] n. 女士

谐音：泪滴

疯狂联想：女士的泪滴一般都很多。

landlady ['lændleɪdi] n. 女房东；老板娘

拆分：land（汉语拼音懒的）+ lady（女士，女人）

疯狂联想：很懒的那个女人就是房东老板娘。

closet ['klɒzɪt] n. 壁橱；储藏室

拆分：close（关；关闭）+ t（形状像雨伞）

疯狂联想：关闭了雨伞后请放到储藏室或者壁橱里，不要随意乱丢。

pronounce [prə'nauns] vt. 发音；宣告；断言

谐音：破浪时

疯狂联想：他宣告说等到他乘风破浪时他的英语发音就会很标准了。

broad [brɔːd] adj. 宽的

拆分：b形状很像数字“6”，road（公路）

疯狂联想：6条车道的公路肯定很宽啊 。

repeat [ri'pit] vi. 重做；重复；复述　n. 重复；反复

拆分：re（重复；反复）+ peat（批他）

疯狂联想：他犯了错误，老师重复不断地批他。

total ['təutl] n. 总数；合计　adj. 总的；全部的；整个的

谐音：土豆

疯狂联想：全部的土豆都是靠农民种植的。

tongue [tʌŋ] n. 舌头；语言；口语

谐音：汤

疯狂联想：喝汤的时候小心烫伤舌头，要不然语言表达会受到影响的。

equal ['ikwəl] adj. 相等的；胜任的　vt. 等于；比得上

谐音：一块儿

疯狂联想：大家都是一块儿生活的，所以都是平等的。

trade [treɪd] n. 贸易；商业

谐音：吹的

疯狂联想：商业贸易要靠诚信，是不能靠吹的。

tourism ['tuərɪzəm] n. 旅游；观光

谐音：头晕着

疯狂联想：到处旅游观光，头到现在都晕着呢。

global ['gləubl] adj. 全球的；全世界的；球形的

谐音：割萝卜

疯狂联想：她到全世界各地去收割萝卜。

communication [kə'mjunə'keʃən] n. 交流；通信

谐音：可没有你开心

疯狂联想：他们住的地方通信落后，交流不便，不如你住得舒服，可没有你开心。

signal ['sɪgnəl̩] n. 信号

谐音：胜了

疯狂联想：他们发来信号说他们胜了。

commander [kə'maːndə（r）] n. 司令官；指挥官

拆分：com（e）来+man（男人）

疯狂联想：上级派来了一个男人做我们的指挥官。

tidy ['taidi] adj 整齐的；整洁的　vi 整理；收拾

拆分：ti（汉语拼音踢）+ d（形状像哨子）+ y（像扫帚）

疯狂联想：每次踢完足球，队长都会吹哨子叫大家用扫帚把场地打扫干净。

stand [stænd] n. 台；看台；摊，摊位

拆分：st（石头）+ and（和）

疯狂联想：石头和看台是放在一起的。

fall [fɔːl] n. 下落；跌落；

谐音：佛

疯狂联想：如来佛从天上落下来是为了对付孙悟空。

publish ['pʌblɪʃ] vt. 发表；出版；公布

部分提取pu（汉语拼音“铺”）

疯狂联想：突然出版了很多书，可以铺满整间屋子了。

European ['jurə'piən] adj. 欧洲的；欧洲人的

谐音：有人品

疯狂联想：欧洲人都很有人品。

howl [haul] vi./n. 号叫；怒吼；号哭

拆分：how（如何；怎样）+ l（棍子）

疯狂联想：如何使用棍子才能把人打得号叫怒吼？

cookbook [kukbuk] n. 食谱

拆分：cook（烹饪）+ book（书）

疯狂联想：食谱是教别人如何烹饪的书。

compare [kəm'pɛr] vt. 比较

部分提取com（e）来

疯狂联想：请你来比较一下。

replace [rɪ'pleɪs] vt. 替换

拆分：re（热）+ place（地方）

疯狂联想：天气热了就要替换一个好的地方去乘凉。

means [minz] n. 手段；方法

部分提取 me（我）

疯狂联想：我有很多手段和方法。

transportation ['trænspɔr'teʃən] n. 运输；运送

部分提取 sport（运动）

疯狂联想：我要运送一批运动员去参加比赛。

board [bɔːd] n. 上（船、飞机等）；木板；膳食；膳食费用

谐音：跛的

疯狂联想：一个走路一瘸一跛的人上了甲板和飞机。

experience [ɪk'spɪrɪəns] vt./n. 体验；经历；经验

字头提取e（拼音鹅）+ x（形状像斧头）

疯狂联想：鹅体验过被斧头杀死的经历。

simply ['sɪmplɪ] adv. 仅仅；只不过；简单地；完全；简直

对比记忆：simple ['simpl] adj. 简单的；单纯的，朴实的

疯狂联想：要把e（鹅）变成y（撑衣杆）只不过是一个简单的问题。

raft [ræft] vi. 乘筏　n. 木筏

拆分：r（人）+ a（一个）+ ft（拼音futou，斧头）

疯狂联想：有一个人用一把斧头造了一个木筏。

vacation [ve'keɪʃn] n. 假期；休假

谐音：我开心

疯狂联想：要休假了我当然很开心了。

nature ['neitʃə（r）] n. 自然；自然界；本性

拆分：na（那）+ ture（真实）

疯狂联想：那就是自然界的真实本性。

basic ['beɪsɪk] adj. 基本的 n. 基本；要素

拆分：ba（爸爸）+ ic （IC卡）

疯狂联想：爸爸告诉了我制造IC卡的基本要素。

equipment [ɪ'kwɪpmənt] n. 装备；设备

e（鹅）+ qu（去）

疯狂联想：鹅去拿游泳的装备了。

tip [tip] n. 指点；忠告；尖端；小费

拆分：t（他）+ ip（IP地址）

疯狂联想：他把电脑IP地址当作小费赏赐给我。

spider ['spaɪdɚ] n. 蜘蛛

谐音：失败的

疯狂联想：这只蜘蛛是失败的。

或者谐音：是白的

疯狂联想：这只蜘蛛是白色的。

paddle ['pædḷ] n. 桨；球拍

谐音：胖的

疯狂联想：桨和球拍都是很胖的。

stream [strim] n. 溪；川；流

拆分：st（拼音，舌头）+ re（热）+ am（我）

疯狂联想：我的舌头很热，所以跑到溪流里去喝水。

excitement [ik'saitmənt] n. 刺激；兴奋；激动

e（鹅）+ x（形状像斧头）

疯狂联想：鹅被斧头砍了一下后非常激动和兴奋。

handle ['hændḷ] n. 柄；把手

谐音：憨豆

疯狂联想：憨豆先生拿着柄和把手在舞台上表演。

particular [pə'tɪkjələ（r）] adj. 特别的；特殊的

part（一部分）+ ic（IC卡）

疯狂联想：这一部分IC卡是很特殊的。

poison ['pɔɪzṇ] n. 毒物；毒药　vt. 下毒

拆分：po（婆）+ is（是）+ on（在……上面）

疯狂联想：阿婆把毒药下在食物上。

separate ['sɛprət] adj. 单独的；分开的 vt. 分开；隔离

s（蛇）+ e（鹅）+ ate（eat吃的过去式）

疯狂联想：我把蛇和鹅单独分开就是怕它们被吃掉了。

combine [kəm'baɪn] vt./vi. （使）联合；（使）结合

谐音：啃掰

疯狂联想：吃玉米要结合两种方法，边啃边掰。

task [tæsk] n. 任务；作业

拆分：ta（他）+ s（美女）+ k（机关枪）

疯狂联想：他和美女拿着机关枪完成了突袭任务。

host [həust] vt. 主办或主持某活动 n.主人

部分提取：h（形状像椅子）

疯狂联想：主持人都是坐在椅子上主持节目的。

disaster [di'zaːstə（r）] n. 灾难；灾祸

dis（谐音迪士尼）

疯狂联想：迪士尼乐园遇到了灾难。

rescue ['rɛskju] n./vt. 援救；营救

拆分：re（热）+ s（美女）+ cu（醋）+ e（鹅）

疯狂联想：热天，美女带着醋去营救快要中暑的鹅。

advance [əd'væns] vt./vi. 前进；提前　n. 前进；提升

谐音：饿得忘死

疯狂联想：他饿得都忘记了死，一心只想前进。

seize [siːz] vt. 抓住；逮住；夺取

谐音：狮子

疯狂联想：我抓住了这只狮子，夺取了它的地盘。

swallow ['swɒləu] vt. 咽；淹没；吞没　n. 吞咽；燕子

s（美女）+ wall（墙）

疯狂联想：美女站在墙上抓住了那只飞舞的燕子。

drag [dræg] vt. 拖；拖曳

dr（拼音 da ren，大人）

疯狂联想：小孩不听话，大人拖着他去上学。

struggle ['strʌgl̩] vi. 努力；挣扎；斗争　n. 竞；努力；战斗

部分提取gg（拼音哥哥）

疯狂联想：我哥哥为了保卫国家努力斗争。

fight [faɪt] vi. 搏斗；斗争；争吵 （不规则动词）

对比记忆：f（雨伞），right（正确的）+ r（斧头）

疯狂联想：把雨伞换成斧头作为争吵、斗争的工具是正确的做法。

f1ow [fləu] n./vi. 流动

拆分：f（雨伞）+ low（低的）

疯狂联想：雨伞在水中当然是往低洼的地方流动了。

tfright [fraɪt] n. 惊骇；吃惊

拆分：f（雨伞）+ right（正确的）

疯狂联想：我居然可以正确地制造出一把雨伞，这令大家很吃惊。

shake [ʃek] n./vt. 震动； 颤抖 vt.摇动；摇 （不规则动词）

拆分：sha（杀）+ ke（客）

疯狂联想：酒店杀客宰客的现象成了震动全国的新闻。

stair [stεə] n. （阶梯的）一级；楼梯

对比记忆：air（空气）

疯狂联想：楼梯里有很多空气。

strike [straɪk] vt./vi. 击打；碰撞；攻击 （不规则动词）

st（拼音she tou，舌头）

疯狂联想：我吃了好多辣椒，辣得舌头不停地击打碰撞口腔。

destroy [dɪ'strɔɪ] vt. 摧毁；毁坏

des（谐音的士）

疯狂联想：我摧毁了这辆违规的士。

tower ['tauə˞] n. 塔；城堡

tow（拖；拉）

疯狂联想：我用绳子把城堡和塔给拉倒了。

fear [fɪə（r）] n. 害怕；担心　vt./vi. 害怕；畏惧

拆分：f（雨伞）+ ear（耳朵）

疯狂联想：我很害怕、很担心耳朵被雨伞弄伤了。

opportunity ['ɒpə'tjuːnəti] n. 机会；时机

oppo（音乐手机的一个品牌）

疯狂联想：我终于有机会可以买一个oppo音乐手机了。

article ['ɑːtɪkl] n. 文章；论文

拆分：art（艺术品）+ cle（可乐）

疯狂联想：艺术家在完成艺术品论文后都会喝可乐庆祝。

buddha ['budə] n. 佛；佛像；佛陀

谐音：布的

疯狂联想：那些佛是用布做的。

agent ['edʒənt] n. 代理（商），经纪人

拆分：a（阿）+ gen（根）+ t（廷）

疯狂联想：我的经纪人是阿根廷人。

touch [tʌtʃ] vi. 触摸；（使）接触；感动　n. 接触；联系

拆分：tou（偷）+ ch（吃）

疯狂联想：我在偷吃东西的时候都会先触摸一下看能不能吃。

naughty ['nɔ:tɪ] adj. 顽皮的；淘气的

谐音：拿踢

疯狂联想：这个淘气的小男孩很顽皮，拿起东西就随便踢。

peanut ['pi:nʌt] n. 花生

pea （谐音皮）

疯狂联想：我吃花生时喜欢剥皮。

law [lɔ:] n. 法律；法学；法规

谐音：锣

疯狂联想：我到处敲锣宣扬法律法学。

career [kə'rɪə（r）] n. 事业；生涯

car（小轿车）

疯狂联想：我开着小轿车当赛车手的生涯即将结束。

drama ['drɑmə] n. 戏剧；戏剧艺术

dr（大人）

疯狂联想：大人们都喜欢看戏剧。

award [ə'wɔːd] n. 奖；奖品

a（一个）+ w（皇冠）

疯狂联想：这次比赛的冠军奖品是一个皇冠。

choice [tʃɔɪs] n. 选择；抉择；精选品

谐音：缺椅子

疯狂联想：由于房间缺少椅子，所以我要选择一些东西来代替。

speed [spiːd] vt./vi. 加快；速飞；飞跑　n.速度（不规则动词）

谐音：死逼的

疯狂联想：体育运动员能飞跑得那么快都是死里逼出来的。

script [skrɪpt] n. 剧本；手稿；手迹

s（美女）+ c（形状像月饼）

疯狂联想：美女边吃月饼边看手稿和剧本。

studio ['stjuːdiəʊ] n. 摄影棚（场）；演播室；画室；工作室

s（美女）+ tu（土豆）

疯狂联想：美女在摄影棚和工作室里吃土豆。

creature ['kritʃə] n. 生物；动物

creat（创造）

疯狂联想：上帝创造了生物。

adult ['ædʌlt] n. 成人；成年人

谐音：鹅打他

疯狂联想：他是成年人，鹅就打他。

peace [pi:s] n. 和平；和睦；安宁

谐音：劈死

疯狂联想：劈死了战争之神，世界就和平安宁了。

accept [ək'sɛpt] vt. 接受；认可　vi. 同意；承认

pt（拼音putao，葡萄）

疯狂联想：a和c接受了我送给他们的葡萄。

icy ['aɪsɪ] adj. 寒冷的；冰冷的

ic（IC卡）

疯狂联想：IC卡摸上去冰冷冷的。

leader ['lidə] n. 领导者；指挥者；首领

谐音：领导

疯狂联想：指挥者和首领肯定是领导啊。

boss[bɔ:s] n. 老板；上司

谐音：博士

疯狂联想：博士最后都会成为老板和上司。

comment ['kɒment] n./vt. 评论；注释；意见

拆分：com（e）来+ men（男人）

疯狂联想：来了一群男人评论这件事，还提了很多意见。

action ['ækʃən] n. 动作；情节；作用；举动

tion（谐音神）

疯狂联想：a和c 能够模仿神的动作。

apologize [ə'pɒlədʒaiz] vi.（美）道歉

ap（apple的缩写，苹果）

疯狂联想：他偷吃了我的苹果，所以向我道歉。

fault [fɔːlt] n. 过错；缺点；故障；毛病　vt. 挑剔　vi 弄错

fa（发现）+ u（杯子）

疯狂联想：我发现这个杯子有很多缺点和毛病。

forgive [fə'ɡɪv] vt. 原谅；饶恕（不规则动词）

f（雨伞）+ give（给）

疯狂联想：我把雨伞给了她，想求得她的原谅。

napkin ['næpkɪn] n. 餐巾；餐巾纸

na（那）+ p（皮鞋）

疯狂联想：那双皮鞋上有餐巾纸。

dessert [dɪ'zɜːrt] n. 甜点

des（谐音的士）

疯狂联想：的士里面有很多甜点是给乘客吃的。

damp [dæmp] adj. 潮湿的

拆分：da（大）+ mp（MP3）

疯狂联想：这个大的MP3是潮湿的。

custom ['kʌstəm] n. 习惯；风俗

cu（醋）

疯狂联想：过节时喝醋是一种习俗。

course [kɔːrs] n. 一道菜；过程；课程

c（月饼）+ our（我们的）

疯狂联想：月饼是我们的一道菜。

bone [boʊn] n. 骨；骨头

拆分：b（笔）+ one（一个）

疯狂联想：这支笔是用一个骨头做成的。

advice [əd'vaɪs] n. 忠告，建议

ad（AD钙奶）

疯狂联想：我建议小孩子要多喝AD钙奶。

formal ['fɔːrml] adj. 正式的；正规的

谐音：佛门

疯狂联想：佛门是一个很正式的地方。

mix [mɪks] vt.（使）混合；混淆

拆分：mi（米）+ x（斧头）

疯狂联想：米和斧头不能混合在一起的。

stare [steə（r）] vi. 凝视；盯着看

拆分：star（明星）+e（鹅）=stare（凝视）

疯狂联想：明星在出场时带着一只鹅，大家都凝视着、盯着看。

relic ['relik] n. 遗物；遗迹；纪念物

拆分：re（热）+ ic（IC卡）

疯狂联想：今天很热门的IC卡将来必定成为文物和人们的纪念物。

capsule ['kæpsjul] n. 太空舱； 胶囊

部分提取PS

疯狂联想：这张图片上的太空舱被PS处理过的。

include [ɪn'klud] vt. 包括；包含

in（在……里面）+ c（月饼）+ l（鱼钩）

疯狂联想：在月饼里面包着一个鱼钩。

ruin ['ruɪn] n. 废墟；遗迹；毁灭；崩溃

r（形状像小树苗）+ u（水桶）

疯狂联想：把小树苗丢进水桶里给毁灭了。

burn [bɜːn] vt. 焚烧；烧焦；点（灯）

拆分：bu（拼音不）+ r（rang，拼音让）+ n（形状像门）

联想：不要让门被烧焦了。

restore [rɪ'stɔː（r）] vt. 修复；重建

rest（休息）

联想：在休息的时候请把那些损坏的东西修复好。

beauty ['bjutɪ] n. 美；美景；美好的东西

谐音：不要踢

联想：不要把美好的东西给踢走了。

bronze [brɔnz] n. 青铜

br（白人）+ on（在……上面）

联想：白人在造青铜上面有很高超的技术。

unite [ju'naɪt] vi. 联合；团结

拆分：u（大容器）+ ni（你）+ te（特）

联想：在大容器中你要特别和大家团结联合才能逃出险境。

vase [vaːz] n. 花瓶， 瓶

谐音：袜子

联想：我把臭袜子塞进花瓶中去。

stone [stəʊn] n. 石；石头；宝石

谐音：石头

damage ['dæmedʒ] vt./n. 损害；伤害

拆分：dama（拼音大妈）+ ge（哥哥）

联想： 大妈伤害了哥哥。

brick [brɪk] n. 砖；砖形物

拆分：br（白人）+ ic （IC卡）+ k（机关枪）

联想：白人用IC卡和机关枪做了一块砖头。

cave [keiv] n. 洞穴；窑洞

谐音：克服

联想：在窑洞里面工作，我们要克服艰苦的条件。

carbon ['kɑrbən] n. 碳元素

car（小轿车）

联想：这个小轿车是用碳元素做成的。

breath [breθ] n. 呼吸；气息

对比记忆：bread（面包）

联想：吃面包的时候我们要边呼吸边吃。

limit ['lɪmɪt] vt. 限制；限定 n. 界限；限度

limi（拼音厘米）

联想：我们要以厘米为单位划分一个限制区域。

第8章

解密竞技表演记忆力比赛项目

很多读者朋友们在电视里看到过记忆力表演类节目，记忆大师将一副别人洗过、打乱的扑克牌拿在手上，快速地看一遍，分分钟就记住了，又或者是满屏幕的无规律数字一遍全记住，堪称过目不忘，甚是叫人佩服。大家都很好奇，他们究竟是如何做到的呢？

这让我想起当初我的记忆魔法奇缘，我也是在电视里偶然看到一个记忆大师，现场将《道德经》倒背如流；把一副扑克牌看了一遍，花了45秒左右，就从第一张到最后一张全部背出，一张不错。

惊叹其惊人记忆力的同时，我也在思索，如此好的记忆力到底是天生的，还是后天学习的呢？后来我尝试着找了一些与记忆法相关的书，学习书上的方法并尝试着用来记忆学习中的知识，真的发现比原来记忆的速度更快，印象更深刻了。最初我觉得2分钟记住一整副扑克牌是非常人能够做到的，后来发现，掌握里面的方法，并且经过刻苦的训练后，大概一个月一般人都能够做到。

世界脑力锦标赛上，扑克牌记忆也是重点项目，本章节将专门为大家解密竞技比赛里面的一些项目以及《最强大脑》里那些惊为天人的选手背后的秘密。

第1节 如何5分钟记住100个无规律数字

对于单纯的数字信息，该如何去记呢？根据数字的长短，我们可以选择不同的方法。比如，生活中有人要你记忆一个号码：131562187978，对于号码这种短小的数字，用地点定位法就显得有些麻烦了，用编码串连法更加简单快捷。

示例："131562187978"的编码分别是：医生、鹦鹉、牛儿、腰包、气球、青蛙

我们可以串连在一起，编成如下故事：一个医生拿着一只鹦鹉去喂给牛儿吃，吃完后牛儿用腰包装上气球去送给青蛙。

但如果是像我们在电视里看到的那种记忆超长的天文数字，编码法是行不通的，这时候需要采用地点定位法。数字记忆和前面我们讲到的地点定位法记词语其实是一模一样的，无非是将数字想象成编码，编码就是词语，然后对应放在地点上，只是多了一道程序。

比如0978对应的地点是阳台。首先将数字转换成词语，09是小猫，78是青蛙，我们可以这么去联想：阳台上一只小猫正在抓青蛙。下面用10个地点给大家做一个示范，如何一遍记住40个无规律数字。我们还是用前面比较熟悉的那一组地点，如下图。

9203　6972　9746　3756　4739　2096　2906　3810　3068　1846

第一组数字9203：92的编码是足球，03的编码是凳子，我们可以联想一个足球飞到树根下面，掉在了树根那里的凳子上面。

第二组数字6972：69的编码是料酒，72的编码是企鹅，我们可以联想一瓶料酒飞过去砸中了停在鸟笼上的一只企鹅。

第三组数字9746：97的编码是酒旗，46的编码是饲料，我们可以联想一面酒旗飘过去盖在了树顶上的一袋饲料上。

第四组数字3756：37的编码是山鸡，56的编码是葫芦，我们可以联想窗台那里一只山鸡正在吃一个葫芦。

第五组数字4739：47的编码是司机，39的编码是三角尺，我们可以联想一个司机在屋顶上用三角尺写字。

第六组数字2096：20的编码是香烟，96的编码是旧炉，联想到一根香烟飞进了窗台边的一个旧炉子里面。

第七组数字2906：29的编码是二舅，06的编码是手枪，想象二舅站在门口用手枪把门打破了。

第八组数字3810：38的编码是妇女，10的编码是棒球，想象一个妇女在台阶那里用棒球用力地敲击地板。

第九组数字3068：30的编码是三轮车，68的编码是喇叭，想象地毯上一辆三轮车从一个巨型喇叭上面碾压过去了。

第十组数字1846：18的编码是腰包，46的编码是饲料，想象我提着一腰包的饲料正在往水池里倒。

10组数字分别对应10组地点，再次强调，切勿忘记，最重要的是脑海中浮现出一幅清晰的画面想象。记忆完毕后试着合上书，检验自己能否根据地点回忆出刚才记忆的40个数字。

掌握方法后可以加强训练，前期训练以40个数字为目标，根据水平的提升以及个人的训练成绩再不断地调整。制订一个训练目标，每天训练2小时，不出1个月，就可以达到5分钟记住100个数字的水平了。

第2节　如何做到2分钟记住一副打乱的扑克牌

记扑克牌跟记数字一样，属于信息量比较大的记忆，因此，需要用地点定位法，核心原理跟数字记忆也是一样的。

首先将扑克牌转化成特定的编码，也就是图像，然后将每两个图像放在一个地点上编成一个动态的画面。工欲善其事，必先利其器，首先确定好我们需要用到的26个地点桩，如下图。

再看看我们52张扑克牌对应的编码。

黑桃A—11　　红桃A—21　　梅花A—31　　方块A—41

黑桃2—12	红桃2—22	梅花2—32	方块2—42
黑桃3—14	红桃3—23	梅花3—33	方块3—43
黑桃4—14	红桃4—24	梅花4—34	方块4—44
黑桃5—15	红桃5—25	梅花5—35	方块5—45
黑桃6—16	红桃6—26	梅花6—36	方块6—46
黑桃7—17	红桃7—27	梅花7—37	方块7—47
黑桃8—18	红桃8—28	梅花8—38	方块8—48
黑桃9—19	红桃9—29	梅花9—39	方块9—49
黑桃10—10	红桃10—20	梅花10—30	方块10—40
黑桃J—51	红桃J—52	梅花J—53	方块J—54
黑桃Q—61	红桃Q—62	梅花Q—63	方块Q—64
黑桃K—71	红桃K—72	梅花K—73	方块K—74

练习记忆扑克牌，首先得把编码记熟，读牌是最好的方式。准备一副扑克牌、一个秒表，开始计时。每看一张牌，脑海中反应出这张牌的编码，52张全部过完，最开始反应会比较慢，坚持训练，直到52张牌的读牌时间在1分钟以内，就可以开始训练记忆扑克牌了。

例如这4张牌：

看图1第一个地点是白色的音响，对应第一、第二张牌。我们可以想象这样的一幅画面：一头山鹿把一个工人狠狠地顶到了音响上。脑海中要浮现一头鹿正用角顶住工人肚子的画面，越逼真越好。

第二个地点是桌子，对应第三、第四张牌，我们可以这么想象：桌子上三条丝巾正在捆绑一个骑士。

有的读者可能在这里会好奇，桌子那么小，骑士骑着马那么大，始终感觉不太习惯，这种编码大、地点小的情况的确很多，会感觉很不适应，碰到这种情况我们的做法是将编码玩具化、模型化，就是把此处的编码想象成一个玩具模型。刚才的这个地方我们就可以想象桌子上三条丝巾正在捆绑放在桌子上的一个骑士玩具模型。

训练扑克牌的初期，不要追求速度，要尽可能慢下来，每一个地点上的画面要想清楚，包括画面的清晰度、细节等，以及我们看到画面的视觉角度，这都很重要。当这一切形成后，随着训练的深入，速度会慢慢地提升。

下面是新手练习扑克牌记忆的训练计划，大家可以参考。

（1）初期练习读牌，目标为达到1分钟以内。

（2）找地点桩。26个一组，数量没有限制，越多越好，至少不得低于10组。

（3）开始练习记牌，秒表计时，记牌结束，按下暂停，用另外一副牌把自己记住的顺序摆出来，核对答案。

（4）坚持训练，可以制订训练计划，每天早晚1小时。

坚持1个月，通常都可以达到2分钟以内。

第3节 《最强大脑》“广场迷踪”解密

8个无线音频传输器，队伍被等分为8大方阵，每方阵81人，648副耳机，分别跳属于自己方阵的舞蹈。共8支舞曲、8种舞步，舞者按编号站位，同步开始进行对应舞蹈展示，舞蹈时间为选手观察记忆时间。随后选手戴上眼罩，待舞者随机打乱站位后，在现有站位展示自己的舞蹈动作，挑战者再度观察。全部程序结束后，选手随机抽取原有方阵号码还原最初的方阵舞者。

这是《最强大脑》舞台上有史以来参演人数最多、阵容最宏大的项目“广场迷踪”。看过这个项目的读者都好奇，那么多的人，动作如此杂乱，如何在那么短的时间内完成记忆呢？下面我就带着大家来解密一下这个项目。

首先，8个方阵中的舞者们在跳自己的舞蹈时，在舞蹈时间内选手必须记住8个方阵中8支不同的舞蹈动作，要做到看到动作就可以知道最初是属于哪一个方阵的。舞蹈动作属于比较抽象的信息，而且还是动态的，不像静态的信息，可以前后反复观察找出不同点，动态的画面就要求我们把前面已经放过的画面也牢牢地记在脑袋里面，我当时的做法是观察动作特点。

有的动作像小动物，如螃蟹或者小虾，还有的动作像其他的动物，然后把这些动物跟对应的方阵编号联系在一起。这里用到的其实是我们前面讲过的数字定位法，将内容跟前面的数字联系到一起。

比如，假如一号方阵的动作像螃蟹，1的编码前面讲过是蜡烛，我们就可以想象用一支蜡烛在烧烤螃蟹。2号动作假如说像射箭的动作，2的编码是鸭子，我们就可以想象用箭射死了一只鸭子。然后预先准备8组地点桩，每组81个地点。

待所有的舞者打乱顺序后，我当时抽到的是5号球，也就是要找出5号方阵的那些舞者。舞者们打乱顺序随机跳舞时，尽管每个人跳得都不一样，这时候我根据动作判断是不是我要找的人，如果她的动作是5号方阵原先的动作，我就马上记住她脚下对应的数字号码位置，然后放进对应的那一组地点桩里面。等到沙盘还原时，根据方阵回忆自己所记住的数字号码，报出号码即可。

第4节 《最强大脑》陈俊生特工风暴项目解密

12个密码箱，12名观众，现场随机设置12组四位数的密码。挑战者听记密码，听完后根据所听到的密码打开密码箱。

这是《最强大脑》第一季来自中国台湾的选手陈俊生挑战的项目。节目中陈俊生帅气的出场方式和俊朗的外形吸引了不少好奇者的围观，很多人都好奇他是怎么做到的，现在我们用图文并茂的方式给大家来解密这个项目的原理。

前面已经带着大家学习了记忆数字和扑克牌的方法，只要训练过的读者，相信此时做到5分钟记住40个数字应该是非常简单的一件事情。而这个项目的本质其实就是记忆数字。首先，最开始我们要准备12组地点桩，作为记忆数字用，如下图。

现场有12个箱子，这12个箱子都是有序号的，而且是按照1～12排列的。随机挑选12名观众，按顺序每个观众说四位数的密码，一共12组数字，分别对应12个箱子，可以看下图。

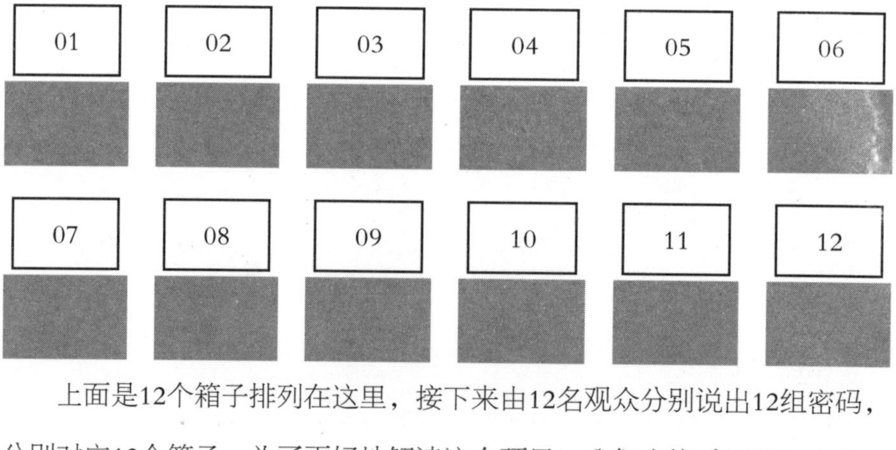

上面是12个箱子排列在这里，接下来由12名观众分别说出12组密码，分别对应12个箱子。为了更好地解读这个项目，我们直接采用节目中的12

名观众现场报出的数字，没有看过节目的读者可以脑补一下节目。

节目中第一个观众说的密码是7963；第二个观众报出的密码是0715；第三个观众报出的密码是8919；第四个观众报出的密码是8516；第五个观众报出的密码是4752；第六个观众报出的密码是2683；第七个观众报出的密码是5469；第八个观众报出的密码是9527；第九个观众报出的密码是7902；第十个观众报出的密码是8718；第十一个观众报出的密码是1748；第十二个观众报出的密码是9357。

1～12个箱子分别对应1～12个观众所报出的密码，则变成了下面这样的情况。

01	02	03	04	05	06
7963	0715	8919	8516	4752	2683
07	08	09	10	11	12
5469	9527	7902	8718	1748	9357

最开始的时候，我们已经把12个箱子的编号同步到了12个地点桩里，即每个地点桩对应一个密码箱。当观众报出数字的时候，我们就把每一组数字放到对应的地点桩上去，一共是12个地点桩，对应12组数字，如下图。

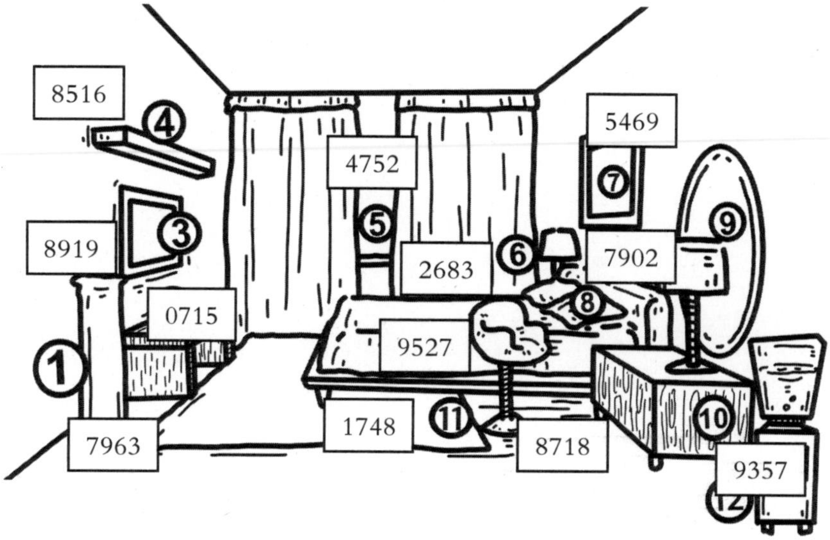

如此一来，经过抽丝剥茧，整个挑战项目就被简化成了用12组地点桩记忆48个数字，对于我们来说就变得很简单了。看到这里，各位读者应该都明白这个项目的整个来龙去脉了吧，有兴趣的还可以试着再重新看一次节目，自己跟着节目的节奏来挑战一下哦。

第5节　《最强大脑》新郎新娘项目解密

《最强大脑》国际挑战赛，中国对阵意大利，“二进制神童”李云龙对阵的是意大利最强大脑的冠军——同样也是12岁的安德烈。

节目中的道具是51对新人，总共102个人，把他们全部拆散，随机排列站位，然后看谁能够更快地记住新郎新娘的排列顺序，最后用公仔模型将自己所记忆的顺序对照摆出来。

很多读者看得眼花缭乱，好奇选手是如何在这么短的时间内记住这些顺序的。下面我们就来给大家解释一下这个项目的原理。

这个项目也是运用到了世界脑力锦标赛十大比赛项目中二进制项目的原理，首先给大家说说什么叫二进制。

01101000110101110010101110100011010101011101010

如上图所示，这一串全部由0和1组成的数字，就是我们说的二进制数字。要记住这些数字，用常规的方法肯定是不行的，我们要把二进制数字转化成十进制数字。编码规则如下：

二进制的000可以相当于十进制的数字0；

二进制的001可以相当于十进制的数字1；

二进制的010可以相当于十进制的数字2；

二进制的011可以相当于十进制的数字3；

二进制的100可以相当于十进制的数字4；

二进制的101可以相当于十进制的数字5；

二进制的110可以相当于十进制的数字6；

二进制的111可以相当于十进制的数字7。

这样一来，上面的那串二进制数字就可以全部转化成普通的十进制数字，用我们常见的记数字的方法去记忆即可。

再回过头来看看《最强大脑》节目中的新郎新娘配对这个项目。我们可以发现，虽然外在看上去没有什么共同点，其实新郎新娘配对这个项目是由二进制数字演变而来的，原理一模一样。

? ? ? ? ? ? ? ? ? ? ? 1 , ? ? ? ? ? ? ?

0，？？，？？？？？？？？，

？？？？？？？？？？？？？？？1？0？？？？

？？？？？？？？？，？？？？？，？？？？？？？？？？？？？？？？？？？？？？？？，？？？？？？？？？？？？？？？？？？？？？？？？？？？？？？？？？？

6？？，？？6？？？？？？，？？？？？？？？？？，？？？？？？

？？？？，跟我们平时记忆的数字是一样的。？？？？，？？？？？？？？？，

？？？？？？，？？？？21？35？70？？？？？？？？？？102？？，

？？？？？？？？？？，？？？？34？？？，用17个地点桩很快就可以记住。

说到这里，大家应该还记得李云龙还挑战过一个红桥绿桥的项目吧，根据此原理，请各位读者试着自己解密红桥绿桥这个项目吧。

第6节 《最强大脑》“窃听风云”项目解密

30位职场丽人，每人随机设置八位数密码，她们依次在电话按键上输入密码，然后说出自己的暗语，挑战者盲听匹配后，嘉宾随机挑选出5位职业女性，选手依据5位暗语的声音，写出她们相对应的5组密码。

有的读者不明白这个项目到底是什么意思，貌似规则还没讲清楚，似乎有很多漏洞。其实这个项目也是有几个先决条件的。

首先，挑战项目所用到的电话机跟我们平时的电话机按键声音是不一样的，这是为了增加项目的难度，在现场由魏教授随机说数字，然后对每个按键的声音进行固定。

比方魏教授说7，科学助理按下电话机的7号键，此时会产生一个声音，挑战选手此时就要记住这个声音是7号键发出的；魏教授再说出3，科学助理再按下3号键，此时会发出另外一个不同的声音，挑战选手要记住这个声音对应的是3。

按照这个规则，把电话机的0～9键依次按完，一共会产生10种不同音色的声音，选手要记住这10种声音分别对应的数字。

这一环节对于没有学过记忆法的人来说还是很有难度的，因为要现场临时记住10种不同的声音所对应的数字，由于声音的特殊性，不同的声音的区别就在于音色，或者声音的高低，只能用听记，找不到眼睛能看到的特质。

想象一下，你在读书的时候，班上50个同学，如果背对着他们，只听每个人讲话的声音，你是不是可以准确地说出每种声音对应的名字呢？有时候班主任不在教室，几个同学大声讲话，突然班主任进教室了，瞬间安静下来，可是班主任也会根据刚才听到的声音准确地说出是哪位同学在讲话。

我们会不会觉得这很神奇呢？答案是并不会，因为班上的同学我们相处得久，太熟悉了，每个人对应的声音都深深地印在脑袋里，所以当听到这个声音时，大脑会很自然地搜索出这种声音对应的名字。而“窃听风云”这个项目，这一环节是需要现场去完成的，声音信息还没有储存在脑海里，因此，需要我们用一些记忆的技巧去临时记住它们。

要完成这一环节，我们就要学会根据声音的不同音色、音调的高低，或者低沉与否这几个方面去找特征，也可以把所听到的声音跟我们平时熟悉的朋友、亲人甚至是动物的声音联系起来。

比如，某位职场女性的声音很像自己的一个同学，就可以用自己的同学去替代她；某位职场女性的声音像自己的某个好朋友，就可以用这个好朋友去替代这一位，这样一来，我们可以把30个人的声音都用自己熟悉的事物去代替。

然后，用地点定位法记住这个熟悉事物对应的那一组密码，8个数字刚好用两个地点完成。我们用下面这一幅图来简化这个项目。

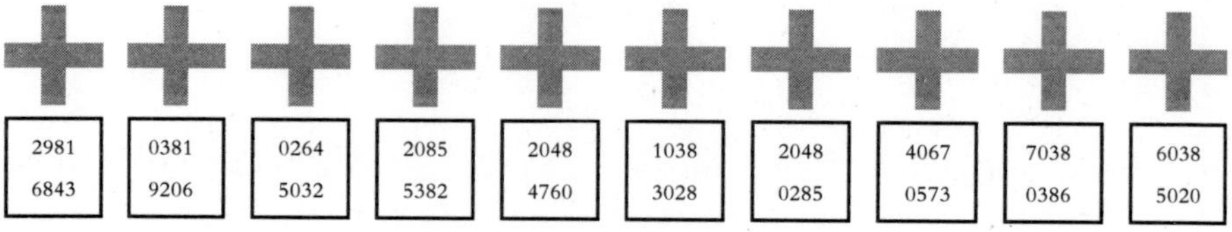

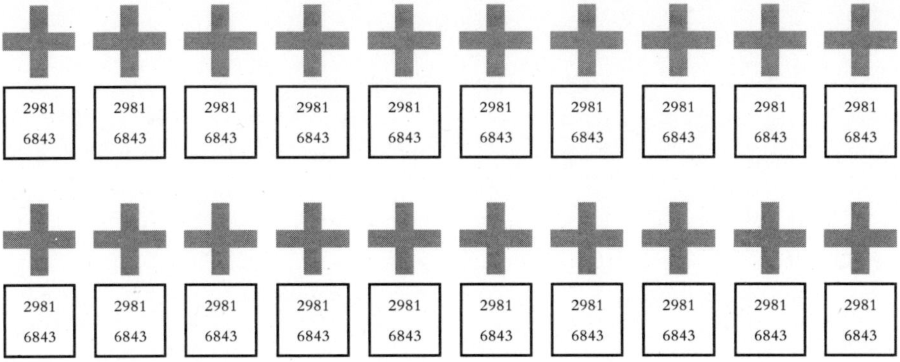

每个人8个数字，一共是240个数字。我们提前选择60个地点，当第一位模特打出8位数密码时，挑战选手根据电话按键的声音心里已经判断出是哪8位数，用前面的两个地点把这8个数字记下来。

当听到模特说出暗语时，把她的音色记下来，比如第一位模特的音色像自己的同学A的声音，就可以记住第一组的两个地点对应的是A。第二位模特再打出8位数密码时，同样地，根据电话按键的声音判断出是哪几个数字，然后用第三、第四个地点记下来，听到模特的暗语时，根据音色找到特点，如第二个模特的声音我们感觉像自己的同学B，就可以记住第三、第四个地点对应的是B……以此类推，就把每组信息都匹配起来，而且完成了定位。

当嘉宾从中随机抽出5位模特时，项目挑战规则是听她们说暗语，根据声音我们判断出像自己的哪一位同学或者其他的事物，然后就可以知道在第几组地点，那么对应地点上的密码数字就呈现出来了。